所有的**坚强**，都是**伤痛的茧**

李婷婷◎编著

中国纺织出版社

内 容 提 要

生活中，不放弃努力就是真正的坚强，我们只要坚强地面对生活，那舍去的就只是烦恼，赢得的是整个人生。只要坚强，雨后就有彩虹。

本书以温情的文字描述了生活中常见的挫折、不幸、困境，以及人们在遭遇这一切时的情绪、心境上的变化。通过深刻地剖析，阐明人生真理：人生需要坚强，成功属于那些有恒心、坚强到底、拥有智慧的人。

图书在版编目（CIP）数据

所有的坚强，都是伤痛的茧 / 李婷婷编著. --北京：中国纺织出版社，2019.11（2020.4重印）

ISBN 978-7-5180-6121-1

Ⅰ.①所… Ⅱ.①李… Ⅲ.①心理学—通俗读物 Ⅳ.①B84-49

中国版本图书馆CIP数据核字（2019）第071588号

责任编辑：郝珊珊　　特约编辑：王佳新

责任校对：江思飞　　责任印制：储志伟

中国纺织出版社出版发行

地址：北京市朝阳区百子湾东里 A407 号楼　邮政编码：100124

销售电话：010—67004422　传真：010—87155801

http://www.c-textilep.com

中国纺织出版社天猫旗舰店

官方微博http://weibo.com/2119887771

三河市延风印装有限公司印刷　各地新华书店经销

2019年11月第1版　2020年4月第2次印刷

开本：880×1230　1/32　印张：6.5

字数：116千字　定价：39.80元

前言

有人说，生活恰似一片沃土，每个人的进步、成长都会在此留下足迹，也会留下战胜挫折的笑容。支撑人们战胜挫折的则是坚强，只要我们怀着一颗坚强的心，哪怕在生活中遇到再大的困难，我们也不会退缩畏惧，而是昂首向前。

所有的坚强，都是伤痛的茧。坚强，可以让我们的生活多姿多彩。坚强，就是逆水行舟，挫折越大，越是勇往直前；坚强，就是奋起奔跑，差距越大，越需要努力向前；坚强，是在韧性中成长，失败越多，越是勇敢向前。

哲人说："生活就像是海洋，只有意志坚强的人，才能到达彼岸。"意志坚强的人不怕摔跤，哪怕此路再泥泞，哪怕跌倒再多次，也会面带笑容，爬起来继续拼搏，奔向不远处的胜利。生活最需要坚强，毕竟遭遇挫折和困境，是生活的常态，当我们处于挫折和困苦时，需要记住，只有选择坚强，才能迎接更美好的未来。

现代社会残酷的生存法则，让怯弱的人无处容身。"坚强"这个词语需要常常在脑海里浮现，当遭遇不开心的时候，就需要对自己说：坚强一点，没什么大不了的。生活哪有那么多称心如意，多的都是不如意的事情，有时让人忧虑不安，有时让人向往未来，有时让人回想过去，有时又觉得开心快乐。一个人的心境就如过山车一样，坎坎坷坷，每走一步都是摇摆不定，虽然过程苦涩，但最终的目的地却是甜蜜的，生活就是这样先苦后甜。只要结果是笑的，那过程让我怎么哭都行。在这个充满变数的人生旅途中，更需要我们内心怀有坚韧与勇气。

现代的年轻人大多数是独生子女，父母对其宠爱太多，帮助他们承担的东西太多，解决的困难太多。一旦挫折到来，年轻人便躲在父母身后，等着他们去解决，让他们去承担。但父母总有老去的那一天，届时很多事情只能自己去承担，可是年轻人却早已经习惯畏惧，习惯了躲在父母的身后。没有人是天生坚强的，坚强的人也是经历很多磨练之后才懂得承担。当你遭遇挫折的时候，可能最开始是极为痛苦的，后面就会好一点，慢慢地就学会了坚强，学会了自我安慰。当困难再次来临的时候，你就学会了冷静地思考，微笑地安慰自己，坚强地迎面而上。

编著者

2019.10

| 目 | 录 |

第01章

你是你人生唯一的主角，要为自己而活

生活中，每个人都在生存与压力中煎熬，时不时还要考虑身边人的感受，可能是父母的期望，可能是朋友的意见，可能是外人的嘲讽。生活已经够辛苦了，为什么还要为别人而活呢？只有你才是自己人生唯一的主角，要为自己而活。

活着只为了给自己一个交代

在生活中，很多时候，我们过于在意别人的看法和感受，甚至忽略了自己的需要。这样的人生难免过于委屈，使人无法真实地做自己。其实，别人对你的评价只是一种建议和参考，不应影响和决定你的人生。要知道，一个人活着并不是为了别人，而是为了自己。如果一个人匆匆忙忙地过完了一生，但是却发现自己始终生活在别人的手掌心中，那将会是一种怎样的感受？他肯定会有很多遗憾，发现自己想做的事情都没有做，因而感叹自己白活了。

每个人都要有自己的思想，要坚定地做最真实的自己。很多人过于在意别人的评价，导致自己的心情或阴或晴，总是随着别人的点评而改变。有些人过于在意别人，一切都以他们的需要为出发点，变得唯唯诺诺，失去了自己的主见。有的人忙于工作，为了得到领导的好评，忍辱负重，艰难前行。也许直到生命的最后一刻他们才能意识到，别人的评价什么都不是，家人和爱人的需要也未必是非满足不可的，领导的评价更是过眼烟云，而没有做过自己的遗憾却最最真实地存在着。然而，为时晚矣。这就要求我们要在活着的时候坚定地做自己想做的事情，爱自己最爱的人，为了生活得更加幸福而努力工作，而并非为了得到他人的好评。其实，在生死面前，不管是家人、爱人还是朋友，终究都是过客，每个人的一生都需要自己坚持走完。那么，在生死面前，我们必须对自己有个交代，使自己感觉到人世间的这遭旅程是值得的。

冲破迷雾，你就是那束光

我们身处一个开放和竞争的年代，人际交往越发频繁，我们需要拥有一种驾驭自我情绪的能力，这也是情商高的表现。然而，不难发现，我们生活的周围，有一些时不时会感到自卑的人，他们即使有再多的才华，恐怕也难能获得广阔的施展空间。

心理学教授说，自卑是一种消极的自我评价或自我意识，即个体会因为自己某些方面不如人而产生一些对自己不信任的消极情感，而自卑感就是对自己的能力、品质、外貌等各个方面的评价都偏低的一种消极的自我意识。有自卑感的人总认为自己事事不如人，自惭形秽，丧失信心，进而悲观失望，不思进取。被自卑感所控制的人，不仅看不到自己的长处，影响自身创造力的发挥，还会束缚其正常的精神生活。

社会心理学家经过跟踪调查发现，在人际关系交往中，心理状态不健康者，往往无法拥有和谐、友好和可信赖的人际关系，在与人相处中，既无法得到快乐满足，也无法给予别人有益的帮助。而主要原因就是他们无法做到正确地认知自我。

生活中的人们，如果你也是个内心自卑的人，那么，从现在起，你必须重新认识自己，解开自卑的枷锁，找回自信。

1942年，史蒂芬·威廉姆·霍金出生于英格兰。很难想象，年仅20岁的他就患上一种肌肉不断萎缩的怪病，整个身体能够自主活动的部位越来越少，以至最后永远地被固定在轮椅上。可他并没有因此而中断学习和科研，一直以乐观的精神和顽强的毅力攀登着科学的高峰。

霍金毕业于牛津大学，毕业以后，他长期从事有关宇宙基本定律的研究工作。他在所从事的研究领域中，取得了令世人瞩目与震惊的成就。

在一次学术报告上，一位女记者登上讲坛，提出一个令全场听众感到十分吃惊的问题："霍金先生，疾病已将您永远固定在轮椅上，您不认为命运对您太不公平了吗？"

这显然是个触及伤痛难以回答的问题。顿时，报告厅内鸦雀无声，所有人都注视着霍金，只见霍金头部斜靠着椅背，面带着安详的微笑，用能动的手指敲击键盘。人们从屏幕上缓慢显示出的文字，看到了这样一段震憾心灵的回答：“我的手指还能活动，我的大脑还能思考，我有我终生追求的理想，我有我爱和爱我的亲人和朋友。”

报告厅里响起了长时间热烈的掌声，那是从人们心底迸发出的敬意和钦佩。

科学巨人霍金再次向我们证明：即使你满身缺陷，你还有可以引以为豪的优点，这些优点一样可以让你自信。

德国人力资源开发专家斯普林格在其所著的《激励的神话》一书中写道：“人生中重要的事情不是感到惬意，而是感到充沛的活力。”“强烈的自我激励是成功的先决条件。”所以，学会自我激励，就是要经常在内心告诉自己，我相信自己可以做到。如果你的心被自卑掩埋，那么，你已经输了。有自信，那么即使面对逆境，也能泰然自若。这种强而有力的信心，事实上便是来自于自信。换言之，自信是力量增长的源泉。

一般情况下，人们的自我评价，往往来自自己和他人的评价两个方面，由此看到自己的长处和短处。然而，有的人在与他人进行比较的过程中，常喜欢拿自己的短处与别人的长处比，而结果往往是自惭形秽，越比较越觉得自己不如人，越比越泄气。只看到自己的不足，而忽视自己的长处，久而久之，一个人就会产生自卑感。

自卑并不是一种情绪，而是一种长期存在的心理状态。有自卑心理的人，在行走于世的过程中，心理包袱会越来越重，直至压得人喘不过气。它会让人心情低沉，郁郁寡欢。因为不能正确看待自己、评价自己，他们常害怕别人看不起自己而不愿与人交往，也不愿参与竞争，只想远离人群；他们缺少朋友，甚至自疚、自责、自罪；他们做事缺乏信心，没有自信，优柔寡断，毫无竞争意识，享受不到成功的喜悦和欢乐，因而感到疲惫、心灰意冷。

因此，我们要培养和提高自己的情商，首先就要消除自卑感，而消除自卑感的第一步，就是要看到自己的独特之处。每个人都是完全不同的个体，没有任何人是一无是处的，自信是一种认知的开始，因为透过自我观照，才能了解自己的专长、能力和才华，这样，你的自信便会不断储备，自卑也就无处遁形。

另外，我们还可以借助以下方法来消除自卑感。

1.运用补偿心理超越自卑

这种补偿，其实就是一种“移位”，即为克服自己生理上的缺陷或心理上的自卑，而发展自己其他方面的长处、优势，赶上或超过他人的一种心理适应机制，正是这一心理机制使自卑感成了许多成功人士成功的动力，成了他们超越自我的“涡轮增压”。

2.昂首挺胸，快步行走

许多心理学家认为，人们行走的姿势、步伐与其心理状态有一定关系。懒散的姿势、缓慢的步伐是情绪低落的表现，是对自己、对工作以及对别人不愉快感受的反映。步伐轻快敏捷，身姿昂首挺胸，会给人带来明朗的心境，会使自卑逃遁，自信滋生。

3.学会微笑

我们都知道笑能给人自信，它是医治信心不足的良药。如果你真诚地向一个人展颜微笑，他就会对你产生好感，这种好感足以使你充满自信。正如一首诗所说：“微笑是疲倦者的休息，沮丧者的白天，悲伤者的阳光，大自然的最佳营养。”

总之，你要随时告诉自己：我是自信的，我是美丽的，我有实力，我的专业能力是最棒的！你必须有自信心，对认准的目标有大无畏的气概，怀着必胜的决心，主动积极地争取！

你所拥有的就是最好的

人生在世，既不要妄自菲薄，自轻自贱，也不要妄自尊大，把任何人都不看在眼里。只有不卑不亢地面对人生，我们才能与他人形成平等友好的关系，从而在人生路上走得更加平稳。尤其是现代社会，贫富差距很大，越来越多的孩子从一出生开始，起点就很低。现实生活中，人与人的发展也很不均衡，导致很多人在面对人生的时候，心中都愤愤不平。

其实，生命对于每个个体都是平等的。人生路上，不管是谁，我们都要客观认知和评价自己。要知道，我们是谁并不重要，重要的是，我们拥有什么，我们想要怎样的生活，以及我们对待人生的态度，这些才是影响我们人生的重要因素。

大学毕业后，刘斌始终奋发向上，他除了做好本职工作外，更是拿起笔开始从事自己喜欢的写作，也的确在一些有影响力的刊物和杂志上发表了一些作品。有一次，刘斌要参加一项比赛，应主办方的要求填写表格。在填写个人资料中“所获奖项和成就”时，他重点填写了自己在几本重要刊物上发表文章的经历，此外还简单写了自己发起的一项“希望旅程”公益活动。

对于这个公益事业，刘斌并没有详细写，只是一笔带过。这个项目是他发起和组织的，目的在于每年冬天到来之前，从各个社区募集过冬的衣物和图书，送到西部山区，捐给那些需要的人和学校里的孩子们。然而，出乎刘斌的预料，大赛组委会后来主动联系他，邀请他作为这次比赛公益类的代表人，到会上发表讲话。对此这样从天而降的特殊荣誉，刘斌很惊讶，因而特意问大赛组委会的负责人，为何在那么多有头有脸的人物中，偏偏选择了他。大赛组委会的负责人告诉刘斌："在诸多参赛者中，的确有很多人都曾经为公益做出贡献。但是只有你，是公益活动的发起人和组织者，也的确成功组织了好几年的公益活动，并且迄今为止仍然在坚持。"负责人的话使刘斌恍然大悟。原来，一个人最重要的不是拥有多少头衔，而是真正发自内心地想做并且当即毫不迟疑地去做了什么。他的项目虽然很小，但是却是他真心做的，这就是他屹立于社会的资本。

在现实的社会生活中，我们每个人都有各种各样的头衔。但是，这些头衔之中的大多数只能代表我们在这个社会上的身份，并不能真正代表我们做了什么，想做什么。在叩问心灵的时候，我们更需要真实面对自己的内心，才能知道自己真正拥有什么。

在我们从小接受的教育中，不难发现，我们的长辈、老师，都希望我们按部就班成就自己的人生。然而，人生本身并不愿意这样被安排，我们自己也希望自己的人生与众不同。因此，我们渐渐拥有属于自己的梦想，也不再愿意被安排、被指挥。我们必须记住，不管我们是谁，我们都值得拥有我们想要的生活，我们也都要清楚自己在人生中拥有的资本。

放手，给自己和他人自由

我们生活的周围，有这样一类人，他们勤恳、努力、认真，无微不至地照顾周围的亲人、爱人、朋友，工作中事必躬亲，他们总是希望周围的一切都在他们的掌控之中，然而，正因为如此，他们比其他人活得更累。如果他们能学着放手，自然会轻松很多。事实上，他们没有意识到的一点是，社会中的每个人，都有属于自己的路，成为什么样的人、走什么样的人生路，决定权都在他们自己手里。因此，我们不可能掌控他人的人生。因此，无论是在工作还是在生活中，我们都要放开手，不要时时想着掌控他人。

在某国营单位，有这样一位老员工，他是所有的同事和领导羡慕的对象，因为他有一位品貌俱佳的妻子：她在单位里是中层干部、先进工作者；在家里是贤妻良母，把丈夫照顾得无微不至。她从不让丈夫洗衣做饭，丈夫加班，她去送饭；丈夫穿的用的，全是她买；丈夫的皮鞋、领带都是她擦、她系；丈夫“爬格子”，她总是左右待候，端茶倒水。每每论起“内助”如何，大家总是羡慕他这位朋友的福分，羡慕他们亲密无间，朝夕相伴。

但这位老员工总觉得自己的妻子与人家相比有天壤之别。半年后，他居然与他的贤妻离婚了，据说单位和亲朋好友调解多次，妻子也不解地问他“哪点对不住你”，但他铁了心，坚持离她而去。很多同事曾直截了当地问他是否另有新欢，是不是喜新厌旧，他只是说：“太没有自由了，我想有自己的空间。”

生活中，可能很多妻子都和故事中的这位贤妻一样，勤勤恳恳地为家庭操劳，对丈夫无微不至地照顾，可从她丈夫的话中，我们大致能了解到男人们内心的想法：他们需要的是一位妻子，而不是一位母亲。朝夕相伴，无私奉献，爱情之火也不一定就能持久地燃烧。

其实，每个人都希望能自己做主，即使是我们的亲人，他们也希望有自己的生活空间，放开手，你的身心也会得到放松。

除此之外，在工作中，我们也不能凡事都揽在自己身上，而应该学会放权，学会给他人表现的机会，否则，我们在身心俱疲的同时，还有可能成为他人厌恶的对象。

的确，那些在工作中游刃有余的人，通常都是懂得放权的，他们相信下属能做好，于是，他们能为自己腾出更多的时间愉悦身心，放松自我。因此，如果你是个领导者，那么，你应当抛弃将员工当做工具、封建家长式的作风，取而代之的应是尊重员工的个人价值，合理地设计和实行新的员工管理体制，最重要的是要做到给予下属权利，把员工看成企业的重要资本、竞争优势的根本，并将这种观念落实在企业的制度、领导方式等具体管理工作中。

另外，给予下属权利也是为领导者自身分担工作的重要方法，在领导工作中，面对看似无法完成的工作任务，领导者最有效的办法就是要知人善任。这样领导可以腾出一些时间和精力抓大事，下属也可以小试牛刀。

总之，无论是生活还是工作中，懂得放手，这不仅是对对方的一种尊重和信任，更是现代社会人们释放压力、调节身心的重要方法，否则，你抓得越牢，你就越累！

每个人都是自己的命运建筑师

对于命运，每个人都有着自己的衡量标准。人人渴望得到一帆风顺的人生，遗憾的是，人生不如意事之十之八九，绝大多数人的美好希望都落空过。很多人为此感到沮丧，对于人生中不期而至的苦难和磨难，更是感到绝望。其实，人生的常态就是既有波峰，也有波谷。任何时候，我们都要以平常心面对多舛命运，这样才能最大限度发挥我们的主观能动性，以平静理智的心态处理好问题，从而帮助我们赢得更加美好的未来。

细心的朋友会发现，大多数成功者并非有着过人之处，而是因为他们从不向失败低头，而是始终鼓足勇气，直面人生，把握自我，主宰命运。要知道，在这个世界上，谁都是靠不住的。虽然父母无条件地对我们好，但是父母归根结底不可能与我们生活一辈子。此外，不管是亲人还是朋友，我们之间的依靠都是相互的。我们唯有变得强大，具备主宰命运的能力，才能与他们相互依靠，从而彼此提携，成就人生。聪明的朋友们会知道，在这个世界上，我们唯一最可靠的依靠，就是我们自己，对于每个人来说都是如此。我们要成为自己的上帝，勇敢地主宰自己的命运，从而帮助自己摆脱厄运，迎来好运。

每个人，要想拥有充实的人生，就必须勇敢地做自己的上帝。因为我们唯有依靠自己，才能主宰命运。与其犹豫不定怀疑自己面对人生的能力，我们不如满怀自信，步履轻盈，从而更加积极主动地面对人生，奔向成功的彼岸。朋友们，要记住，人的潜力是无穷的，我们必须成为自身的主宰，才能操控命运，扭转命运。

1955年，张海迪出生在山东。她的父母都是知识分子，在五岁之前，张海迪和大多数无忧无虑的孩子一样快乐地成长。然而，这份充满童真童趣的快乐，在她五岁那年戛然而止。张海迪被查出患了脊髓血管瘤，最终高位截瘫，不得不坐在轮椅上度过余下的生命。原本，医生认为高位截瘫的病人很难活过二十七岁，但是张海迪面对死神的威胁，始终没有放弃对生的希望。

1970年，张海迪跟随父母上山下乡，来到农村生活。当看到当地的村民们求医问药很难时，她萌生出学习医学的念头。因为条件限制，她只能买书自学。为了让自己针灸的时候找准穴位，她更是以自己的身体进行扎针实验。在农村的十几年里，她为当地的群众治病上万次，有效地解决了当地百姓求医问药的难题。后来，张海迪跟随父母一起回到县城定居，因为没有工作，她开始拿起笔，从事写作。她的作品如同一缕春风，吹到年轻人的心中，吹散了年轻人心里的阴霾，唤醒了他们面对生活的勇气。

生活对于张海迪而言，无疑太艰难了。但是，她始终没有放弃，反而勇敢地与命运抗争，最终赢得了命运的眷顾，以残疾之躯主宰自己的命运，收获人生的成功。毫无疑问，现代社会中人才竞争更加激烈。一个合格而又优秀的人才，除了要具备超强的专业技能和智力水平之外，更要具备健全的心理，身心健康，还要勇敢地与命运抗争，成为命运的主宰。唯有如此，我们才能成为自己的上帝，时刻掌控自己的命运。

毋庸置疑，一个人失去自我，无疑是莫大的不幸。一个人失去自主，就会放开掌控人生的舵。每个人都是这个世界上独一无二的个体，不管什么时候，我们都要坚定不移地做好自己，活出属于自己的精彩人生。

一个真正的成功者，不但有主见，有胆识，而且也善于驾驭自身的命运，能够赢得属于自己的幸福。就像一个人总是拄着拐杖走路一样，如果不丢掉拐杖，他永远都走不出属于自己的人生之路。唯有扔掉拐杖，让自己的双脚坚定不移地踩在人生之路上，我们才能走出自己的康庄大道。

第02章

勇敢追寻人生，走出自己的精彩

英国作家莎士比亚说：“真正勇敢的人，应当能够智慧地忍受最难看的屈辱，不介怀身外的荣辱，用息事宁人的态度避免无谓的横祸。”勇气如光明的使者，能将人从黑暗的泥沼中拉出，帮助我们战胜困难，开创一片新天地。

豁出全部的力量，无惧则无畏

生活中，困难无处不在，而很多时候，打倒人们的不是这些困难，而是内心放大的恐惧。有这样一个小故事：有一只鸭子，在河面上不停地游来游去，想要找鱼吃。可是游了一整天，一条鱼也没找到。到了晚上，它看到月光倒映在水中，以为是鱼，就潜下去捕抓。这时，其他鸭子看到了，都大大地嘲笑了它一番。受此打击后，它在真的看到鱼儿的时候，也不敢再去捕捉了，结果很快就饿死了。

面对无法避免的压力和打击，我们如果不能用良好的心态面对，结果也就只能和那只鸭子一样，惧怕尝试，即使成功就在眼前，也不敢跨出一步，最终只得被困难击倒。

这个简单的道理可能每个渴望成功的人都能懂，但一些人总是会抱怨命运不公，抱怨自己的处境糟糕，抱怨创业难等，但说到克服困难，似乎那些刚出世没多久的小毛孩反倒比大人勇敢。孩子们敢和鳄鱼拥抱，和巨蟒共舞。因为无惧，所以无畏。

为此，我们每个人都应该记住，无论你失去什么，都不能失去勇气。而获得勇气的过程也并不是一蹴而就的，是需要你在当下的日常生活中逐渐培养的，可能你认为现在的自己确实勇气不足，那么，你可以尝试做一些你没有做过或者不擅长的事，这是一种对自我的挑战，因为如果胆小怕事，就不可能获得成功。风险中肯定有困难，但困难中蕴藏着巨大机会的种子。

的确，不怕吃苦的人才会有所成就。在你的人生路上，也许会沼泽遍布，荆棘丛生；也许会山重水复，步履蹒跚；也许，你们需要在黑暗中摸索很长时间，才能找寻到光明……但这些都算不了什么，一个人只要能把握自己该干什么，那么就应该勇敢地去敲那一扇扇机会之门。

小周是个聪明的小伙子，刚开始，他以较好的学历被聘用。但上班以后的他却表现平平，因为无论做什么事，他总是前怕狼后怕虎，担心这个，担心那个，什么都不敢尝试，只要有点难度的工作，他都说自己做不好。后来，上司也不再把重要任务交给他了，他成了办公室的“多余人”。

时间过得真快，一转眼几年过去了，公司里也招进来很多新人，这些新人锐意进取，一个个都表现得比他优秀，他感到了前所未有的危机感，但他还是不敢接受稍有危险的工作。再后来，大家都忘记了办公室里还有他这样一个老员工。听说公司近期要精简人员，也许那时会第一个想起他来。

恐怕任何一个年轻人都不想落得小周那样的悲哀下场，那就勇敢地迈出那“划时代”的一步吧！一切都将改变。

在今天开放的全球化世界中，随机性和偶然性越来越大，形势往往变幻莫测，难以捉摸。在如此不确定的环境里，勇气就成了最宝贵的资源。人这一生最可悲的不是没有能力，而是没有勇气。当机遇一次次擦肩而过时，如果没有勇气去抓住，那么其他方面再怎么强也没有用。相反，有了充足的勇气，哪怕自己的条件比不上别人，成功的机会也比别人更多。

现实生活中，可能一些人已经习惯了安稳平淡的生活，似乎少了很多战胜困难的勇气。人生中有许多困难并不是什么坏事，因为逆境可以造就英雄。有了这些磨炼，美玉才会更加完美，刃器才会更加锋利。命运多舛并不是什么可怕的事，可怕的是，你无法去克服和跨越它们。

当你遇到困难时，理所当然，你会考虑到事情的难度所在，如此，你便会产生恐惧，会将原本的困难放大。但实际上，假如你能减少思考困难的时间，并着手解决手上的困难，你会发现，事情远比你想象中简单得多。那些成功的人士，都是靠勇敢面对多数人所畏惧的事物，才出人头地的。美国著名拳击教练达马托曾经说过：“英雄和懦夫同样会感到畏惧，只是英雄对畏惧的反应不同而已。”麦克阿瑟在西点军校的演讲中也曾说过这样一句话：“不正面面对恐惧，就得一生一世躲着它。”

所以，我们每个人都要明白的是，我们所谓的困难并没有那么可怕，之所以不敢勇敢跨出一步，是因为你内心的恐惧在作怪。恐惧将困难放大，就会压倒你自己；而如果你勇敢一点，打倒恐惧，你会发现，原来，所谓的恐惧只不过是只纸老虎。

热爱生活的人，不会嫌生活麻烦

我们要接受上天赐予的悲剧人生，善于缔造自己的斑斓人生，不管是麻烦也好，困难也好，我们都要善于接受。人生因充满各种各样的麻烦才变得多姿多彩，或许，我们都不喜欢生活的悲剧，但当麻烦不期而至的时候，你也不要掉头或转向，因为麻烦是一个魔鬼，它一旦看上你，就会对你穷追猛打，不舍不弃。而那些不接受生活赐予麻烦的人，只会被麻烦纠缠得更悲惨。生活中，我们要学会笑纳生活赐予的困难，缔造斑斓的人生。曾经有人说：“成功的人生是痛苦与失败的交织，是磨难与顺利的交替。”如果你害怕生活中会出现麻烦，那你就会永远丧失走向成功的机会。卓越的人生是从卓越的目标开始的，卓越目标的背后必然是充满着麻烦的道路。经受了那些麻烦的打搅和坎坷的摔打，我们追求成功的意志才会更加坚强，可以说，历练是人生不可多得的宝贵财富，拥有这笔财富，再多的困难问题也能解决，没有什么麻烦可以把人吓倒。

当生活的麻烦找到我们，我们应该记住，除了接受这些麻烦，努力去解决这些麻烦问题，别无他法。而且，没有人能够帮助你，如果你总是与麻烦较真，希望自己能获得别人的帮助，那这样的想法未免太天真了。其实，每个人都有解决麻烦的能力，许多人解决不了人生或大或小的麻烦，那是因为他们没有接纳悲剧人生的良好心态，因此才无法缔造绚丽的人生。

在生活中，总有这样或那样的麻烦出现，这会给我们的心灵带来巨大的压力，许多人会因为这些压力而变得一蹶不振，甚至会因此而失去生活的勇气。其实，许多麻烦问题并不像我们想象得那么严重，面对这些狂风暴雨，假如我们能够尝试对自己说“不要紧”，接纳那些生活赐予的麻烦，那我们就会缔造出无比灿烂的人生。

悲剧理论的宗旨就是抓住悲剧背后的生存意义。在生活中，我们每时每刻都可能遇到那些不如意的麻烦事情。其实，不要小看那些麻烦，那其实是生活赐予我们的宝贵财富，如果我们固执于此，任自己较真、沉溺在痛苦之中，我们只会更加烦恼。不如对自己说：“没关系，不要紧，风雨之后，肯定会有彩虹。”这样想来，那些麻烦的问题还能算什么呢？

相比较人生的挫折，生活中那些麻烦的小事情根本算不了什么。如果我们还总是为生活的琐碎事情而较真，那无疑是折磨自己。我们要学会接受生活赐予的麻烦，通过解决这些麻烦问题，领悟生活的真谛，然后缔造斑斓的人生。

守住心中的那份坚韧

人生的种种历练，对于我们来说，可能是一种折磨，但是，它更是一种锤炼，暂时的痛苦算不了什么，只要心中有勇气，一次次经受住磨炼，不畏困难，最后，我们定能炼就出一块坚韧的钢。在日常工作中，我们也会遇到种种困难，有成功就有失败，有喜悦就有眼泪，但是，哪怕是失败和眼泪，它代表的只是尝试的过程，而不是最终的结果。失败算不了什么，关键是你不能失去坚持下去的信心，以及那份深藏内心的坚韧。心怀勇气，有信心攻克难关，最后，你就赢得工作上的成功。历数从古至今的大人物，诸葛亮算是其中最坚韧的一位了，不管是忠君，还是治军，他都以心中的那份坚韧成就了自己的一生。因为坚韧，他百炼成钢，因为他明白，只要心中怀着勇气，自己就毫不畏惧。

纵观诸葛亮的一生，其实就是磨砺的一生。早年，他努力求学，躬耕南阳十年，但是却隐居在山里，一生抱负难以施展。后一举出山，追随刘备左右，火烧赤壁，亲征南蛮，成为坚忍不摧的钢。于是，他在最迷茫、困惑的时候，始终保留那份勇气。谁料刘备先自己而去，白帝城托孤，徒留诸葛亮主持大局。一次次的历练，使得诸葛亮已经变得无坚不摧，开始稳妥地走上了自己的北伐之路。

诸葛亮所走的坚韧之路，值得我们每一个身处职场的人学习。职场之路能走多远，将取决于心中的那份坚韧和勇气，将每一次失败当作尝试，将每一次困难当作磨炼，在工作的种种经历中，我们将会被炼成那块坚韧不催的钢。虽然，我们所受的磨砺不及诸葛亮所受得那么沉重，我们所受的不过是日常的小挫折，有可能是上级的一顿批评，有可能是一次谈判的失败，有可能是一次降职的经历。但是，不论大小挫折，只要我们怀揣着勇气，坚持下去，就一定能顺利走过人生之路。

勇气是前行的灯塔，照亮前行的航程，尽管成功总是夹杂着许多挫折，但克服挫折的金钥匙就是勇气。手持鹅毛扇的诸葛亮还需积攒勇气披战甲上阵指挥，对我们普通人而言，更需要具备足够的勇气，因为只有这样，才能百炼成钢。

路漫漫，信念可以披荆斩棘

没有一块土地适合种所有的作物。一块土地如果不适合种小麦，可以种各种豆类，如果不适合种各种豆类，可以种蔬菜瓜果，如果连蔬菜瓜果也不能种，还可以种生命力极强的荞麦……总而言之，只要不断尝试，这块土地总能找到适合自己的植物，最终枝繁叶茂，硕果累累。这就像是一个人，也许尝试过很多行业都不成功，在这种情况下放弃并非最好的选择，而是应该继续尝试。就像爱迪生发明电灯，足足尝试了六千多种材料，进行了七千多次实验之后，才找到了相对合适的灯丝材料。假如没有积极的意念作为支撑，经历了七千多次失败的爱迪生，最终怎么可能坚持到成功发明电灯呢！由此可见，任何成功既然不可能一蹴而就，就只能建立在积极的信念之上。如果一个人缺乏积极的意念，往往就会与成功失之交臂。

很久以前，有个秀才接连两次进京赶考，都以失败告终。第三年，他暗暗告诉自己：“假如这次还是不能获得成功，我就放弃。”带着这种思想，他日夜兼程赶往京城，投宿到前两次入住的旅店中。因为精神紧张，他在考试之前的两天接连做梦。一天早晨，他从睡梦中醒来，依然清楚地记得自己的梦。因为不知道梦所代表的意思是好使坏，他很忐忑，特意跑到街上去找算命的先生解梦。

他把自己的两个梦告诉算命先生：第一个梦，梦见自己种了很多白菜，白菜也长势喜人，但是后来却突然发现白菜长在墙头上；第二个梦是梦见天上突降大雨，他打着雨伞在雨地里行走，头上还戴着斗笠。算命先生听完他的讲述之后，连连摇头，说："你呀，趁早回家吧。你看看你的两个梦，没有一个好兆头。墙头上种白菜，岂不就是白费力气吗？打着雨伞还戴着斗笠，说明你完全是多此一举，考了也是白考。"听了算命先生的话，秀才沮丧极了，垂头丧气地回到旅店里，收拾东西准备打道回府。这时，旅店老板看到秀才失魂落魄的样子，问："还有一天就要考试了，你怎么反而千里迢迢地来了，不参加考试又要走呢？"秀才沮丧地把算命先生说的话告诉了旅店老板，旅店老板笑着说："哈哈，原来你是因为这个呀！如果你信得过我，不妨让我来给你解一解梦吧。你看，谁把白菜种到墙头上呢！这说明你能高中啊！再看，你打着伞居然还带着斗笠，说明你这次考试一定是十拿九稳，有备无患啊！"旅店老板的话让秀才马上变得高兴起来，他觉得旅店老板说得很有道理，因而信心十足地留下来参加了考试。等到考试结果公布之后，他居然高中探花，他喜不自胜，马上带着厚礼去感谢旅店老板。

假如轻信了算命先生的话，秀才的一生也许就与功名再也无缘了。幸好旅店老板发现了他的异常，及时给予他积极的暗示，使他怀着积极的意念参加了科举考试，最终高中探花，人生从此变得不同。

人生原本就充满艰难坎坷，与其悲观消极地面对人生，不如积极微笑着面对人生。任何时候，积极的意念都会对我们起到强烈的暗示作用，帮助我们在人生的路上勇往直前，遇到坎坷挫折也绝不畏惧。

自我救赎，遇见更好的你

勇敢的人有着超强的能量，他们坦然面对人生的坎坷和挫折，而且也能够勇敢地面对自己的内心。他们从不畏惧，既不畏惧未知的未来和来自外界的一切挑战，更不畏惧自己，能够坦然面对自己的缺点和不足，面对自己所犯下致命错误，他们也从不逃避和畏缩，而是勇敢面对，勇于承担责任。人们常说，人最大的敌人是自己，由此可见，强者都是已经战胜和超越自己的人，他们挣脱了内心的束缚，因此能无所畏惧，勇往直前。

对于真正的强者而言，厄运总是对他们绕道而行。其实这也许只是一种错觉，因为厄运并非真的绕道而行，只是因为强者能够坦然面对人生的种种不如意，即使在大灾大难面前也能保持坚强果敢，所以才说灾难绕道而行。即使是同样的事情，强者和弱者也往往会有截然不同的反应。也许弱者会觉得大难临头，但是强者却对此不以为然，马上就做出合理的规划，从而圆满解决问题。由此可见，并非遭遇的厄运不同，而只是强者和弱者面对厄运的心态和应急反应不同。

不得不说，能够自我救赎的人，是强者中的强者，是真正的强者。正如前文所说，强者不会推脱和逃避责任，而会去勇敢面对。假如强者还经常进行自我反省，反思自身的缺点和不足，从而努力完善和提升自我，他们的力量则会变得更加强大。尤其是当意识到自己误入歧途或者偏离人生轨迹时，强者更能够随时进行自我校正，时刻保持正确的人生方向。内心的强大，使强者无人能敌。

英法德三国的三个将军带着各自的士兵，同时搭乘一艘战舰。时值太平，他们便在一起谈天说地。当说到谁的士兵最勇敢时，三个将军争执不休，都说自己的士兵最勇敢。此时，英国将军喊来自己的士兵，说："你爬上这根三十米高的桅杆，然后跳进海里。"士兵一言不发，马上开始攀登桅杆，到达指定高度时，毫不犹豫地跳进海水里。英国将军得意极了，说："看看吧，这就是真正的勇敢。"

德国将军也不甘示弱。众所周知，德国军队来向纪律严明，军令如山。因而德国将军胸有成竹地喊来一个士兵，说："你爬到这艘军舰的瞭望塔上，那里差不多有六十米高，你要从那里跳进海里。"那个士兵也一语不发，毫无条件地执行了将军的命令。这时，德国将军非常骄傲地对英国和法国的将军说："看到了吧，六十米的高度，证明了我的士兵最勇敢！是真正的强者！"

接下来，只有法国将军了。法国将军喊来不远处的一个法国士兵，以异常严厉的口吻命令："你，现在，马上给我从栏杆上翻过去，跳进海里。"原本，英国和德国将军以为法国将军如此声色俱厉，将要发布什么严厉的命令，当听完法国将军的命令后，他们都不仅哑然失笑。然而，此时此刻，法国士兵却毫不犹豫地说："你疯了吧！"说完，这个士兵毫不畏惧地转身离去，似乎他训斥的是自己的孩子一样。这时，法国将军哈哈大笑起来，说："看到了嘛，我的士兵才是真正的强者，因为他懂得自我救赎！"

英国和德国的将军发布的命令之所以能够得到执行，无非因为士兵畏惧他们是将军，宁愿冒生命危险，也不敢违背将军的旨意。法国将军虽然说得声色俱厉，但是因为将军提出的是无理的要求，所以士兵遵从自己内心的判断，毫不迟疑地拒绝了将军，甚至还怒斥将军一定是疯了。不得不说，法国士兵更勇敢，一则他们敢于违背将军明显无理的旨意，二则他们很清楚自己内心的选择。

真正的勇敢，并非是强迫自己做某件有风险的事情，以此证明自己的勇敢。真正的勇敢是不需要证明的，那是发自内心的勇气，无人能够与其对抗。勇敢者不会为了逞能拿自己的生命开玩笑，相反，生命是宝贵的，身体发肤皆受之父母，因而他们时刻牢记一定要保护好自己的生命。所谓留得青山在，不怕没柴烧，只有活着，人们才能有更多的机会做勇敢的事情。勇敢不是莽夫之勇，而是充满智慧的选择，是高情商的表现。这就是真正的强者所为。

敞开心房，让阳光照进来

人们常说，心有多大，舞台就有多大。还有人说，世界上最宽阔的是海洋，比海洋宽阔的是天空，比天空更宽阔的是人的心灵。然而，未必每个人的心灵都比海洋更宽广，比天空更高远。有的人小肚鸡肠，心眼比针尖还小，不管做事还是与人相处，都透着一股小家子气。这样的人势必很难有大的发展，更不会拥有精彩的人生。

有的时候，人们总是很纳闷，因为生活中的人们拥有的人生完全不同，有人的人生大风大浪，大开大合，也有人的人生就如一汪死水，波澜不惊。那么，生命的意义在于什么呢？生命的真谛并非安安稳稳地活着，而是活得精彩，活得出人头地！假如你在世界上的每一天都是前一天的重复，那么，活几十年和活一天有什么区别呢？不过，有人却甘愿过这种生活。究其原因，他们是被自己的心牢囚禁住了。与他们相比，有人的人生却是非常精彩的，他们经历了人生的大起大落，在跌宕起伏之中感受生命的真味；他们遇到挫折和困难的时候从来不抱怨，只知道努力向前；他们在感到喜悦的时候也不会得意忘形，因为他们知道一切都是过眼烟云，生命最重要的在于过程，而不是结果。因此，他们活得非常明白，非常洒脱。恰如古人曾经说过的那副对联：宠辱不惊，闲看庭前花开花落；去留无意，漫随天外云卷云舒。只要能够敞开自己的心灵，那么世界上就没有东西能够囚禁住你。

古人云，世间本无事，庸人自扰之。在现实生活中，很多人都会觉得烦恼，觉得自己不幸福。实际上，幸福与痛苦是相对而言的，正是因为有了痛苦，你才能感受到幸福的可贵；正是因为有了幸福，痛苦才使人生变得更加厚重。俗话说，人生百味。既然活着，我们就要坦然接受生活的赐予，既要笑着面对幸福，也要坚强地面对困难和挫折。假如因为一时的小挫折就把自己的心灵打入万劫不复的深渊，并且套上沉重的枷锁，那么，你就会失去翱翔的翅膀。要知道，生活的真实面目就是接二连三的波折，一波未平一波又起的就是生活。山峰即使再刚强再青翠，也必须以欢迎包容的姿态拥抱一处处怡人的风景，揽住承载生命的一湾湾碧水，不能居功自傲，也不能俯首言难，河水即使再怎么柔弱，也必须承载万吨巨轮的乘风破浪，而不能抱怨命运的不公，否则，它们就无法成为山峰和河水，无法感受到自己存在的价值。

黎明今年已经32岁了，但是却还是单身。实际上，黎明的条件很好，追求他的女孩子也很多，但是他却始终不为所动。常言道，男大当婚，女大当嫁，黎明为什么始终坚持单身的？这还要说到他26岁时的一次遭遇。

当时，黎明大学毕业没多久，刚刚参加工作，经济上非常拮据，也没有为人处事的经验。一个偶然的机会，黎明认识了一个非常漂亮的小姑娘。虽然黎明什么都没有，但是因为一见倾心，小姑娘还是和黎明确定了恋爱关系。遗憾的是，这个小姑娘的家里非常有钱，父母都是生意人。尽管她不嫌弃黎明，但是她的父母却坚决反对她和黎明来往。眼看着两个人即将步入婚姻的殿堂，未来的岳父母也开始公开地采取各种办法阻挠黎明和小姑娘的恋情。甚至有一次，当着很多同事的面，未来的岳母大人公开羞辱黎明：“你这个穷小子，有什么资格谈爱情？你一个月的工资甚至买不来我女儿常用的化妆品，你又拿什么来养活她呢？你没有房子，没有车子，户口也不在本地，我希望你知难而退，不要自取其辱！”经过这次沉重的打击之后，黎明变得特别自卑。在这个陌生的城市中，他经常觉得自己就像是一颗浮萍，无依无靠，无着无落。自此以后，黎明就再也没有谈过恋爱，因为他怕自己再次遭到别人无情的嘲笑。看到黎明的情况，身边的亲人朋友们都非常着急。毕竟，黎明的年纪一天天地大了，却还是单着……

假如黎明始终这样继续单身下去，紧紧地关闭自己的心门。那么，他很有可能会与爱情绝缘。要知道，在这个世界上有形形色色的人，我们既要笑对别人的夸赞，也要勇敢地面对别人的质疑。虽然男人是家庭的主要支柱，但是，男人却不是全能的。即使没有房子，没有车子，没有本地户口，只要有信心，只要肯努力，依然能够自己给自己所爱的女孩带来幸福的生活。然而，黎明的自信心倍受打击，从而封闭了自己的感情世界。实际上，这是一种逃避行为。把自己关在心牢之中，别人就无法伤害到你了吗？实际上，这种行为已经严重影响到了他的人生。

所以，不管生活给予我们怎样的磨难，作为一个勇敢的人，我们都应该正面面对，努力争取属于自己的幸福。千万不要走进心的牢笼，使自己插翅难逃。世界原本是很大的，但是对于一个禁锢了自己心灵的人来说，世界却变得无限窄。只有敞开心房，阳光才能走进你的心灵，吹散阴霾！

第03章

没有痛苦和失败，人生也便失了滋味

生活中，挫折总是无法避免的，人生的道路无不充满坡坡坎坎。不管我们愿不愿意，喜不喜欢，挫折随时可能“翩翩而来”，与你相伴。没有品尝过痛苦和失败，人生也便失去了丰富的滋味。

失败是迈向成功应付出的代价

在漫长的一生之中，有谁不曾感受到失败的滋味呢？可以说，每个人在人生之中都不可能一帆风顺，更不可能永远得到成功的青睐。大多数情况下，人们总会遭遇失败，也难以避免地承受失败的打击。在失败面前，有些人退缩了，为了避免失败甚至裹足不前，不敢再继续接受命运的挑战。这些人注定会永远停留在失败的时刻，甚至导致人生成为定局。相比之下，那些能够从失败之中汲取经验和教训、并且以失败为阶梯不断获得进步的人，才能得到成功的青睐，真正收获成功的人生。

在海明威的《老人与海》中，老人桑蒂亚戈先是降服了大马哈鱼，又与鲨鱼不断搏斗，最终虽然只把大马哈鱼的骨架子拉回海边，但是却真正战胜了自己，也从未被困难打败。正如他所说的，一个人也许会被消灭掉，但就是不会被打败。如此顽强不屈的精神，才使他一直不肯屈服，始终斗争不止。

当然，我们在生活中也一定会遇到很多艰难坎坷，甚至遭遇看似无法逾越的困境，导致失败。然而，人永远不会因为失败一次，就始终处于失败之中。所以，我们更要学会坦然面对和接纳失败，从失败中汲取经验和教训，把失败当成是人生进步的垫脚石，从而踩着失败不断向上攀登，最终为人生积累更多的资本，也帮助人生获得真正的成功。

生活中，很多人输不起，其实并非因为他们能力不足，或者没有勇气承担失败。大多数情况下，他们之所以逃避，是害怕失败损伤自己的面子。其实，人生的苦乐甘甜都是“如人饮水，冷暖自知”，如果为了面子错失机遇，也失去进步的机会，无疑是得不偿失。人生真正的强者，不但能够获得成功，更能够坦然面对和接纳失败。每个人都是在历练中不断走向成功的，我们只有成为永不认输的人，才能最大限度激发出自身的潜能，让自己从失败的废墟中站立起来，继续勇往直前。从这个意义上来说，面对失败比享受成功难太多太多，假如我们能够做到坦然迎接失败，又何惧成功呢!

贺西哈作为美国的股票大王，声名远播，尽人皆知。他的一句名言给予了无数人以深刻的启示，也是他数年来辛苦奋斗的心得和体会。他说：“别问我能赢得多少，而要知道我承担多少损失。”

贺西哈从17岁开始创业，靠着在证券场外当介绍人，在短短的不到一年的时间里，就把自己的身家从255美元，变成了16.8

万美元。为此，他不但提升了自己的生活质量和层次，而且还萌生了投资的想法。在第一次世界大战期间，他因为贪图便宜，买下了龙雷卡瓦纳的钢铁厂，最终因为不了解钢铁的运营而上当受骗，巨额财产顷刻间只剩下4000美元。这次损失让贺西哈受到深刻教训："对于过分便宜的东西，除非了解内幕且有十足把握，否则千万不要盲目购买。"

尽管几乎失去了所有的身家，但是贺西哈并没有因此而沉沦。他坦然接受了自己的失败，从深刻的教训中汲取经验，也帮助自己捋清思路。很快，他就重整旗鼓，回到了老本行。不过这次他并没有继续在证券场外当介绍人，而是做起了股票生意。当时，股票生意还不够规范，也没有被列入证券交易所中进行买卖。为了降低风险也增强自己的实力，他先是与别人合伙经营，等到资金充足之后，马上开办了自己的证券公司。因为承担了很多股票掮客的经纪人责任，他生意火爆，月收入居然高达20万美元。他的财富越来越多，人生也获得了成功。

1936年，因为得到地质学家朋友的信息，贺西哈决定跟随"淘金热"，投资试采了一家废弃的金矿。他的冒险精神换来了丰厚的回报，他只用了短短几个月的时间，就开采到了金矿，这个金矿距离原来废弃的矿坑只有25英尺。从此之后，贺西哈坐拥每年250万美元的收益，1936年成为他人生中最疯狂、最冒险也最发财的一年。

贺西哈之所以能够获得成功，是因为他直面失败，也勇敢承担相应的责任，并且积极努力地从失败中汲取经验和教训，从而使自己的人生踩着失败的阶梯不断向上，最终达到了人生的巅峰。倘若他在失败面前一蹶不振，或者拒绝从失败中汲取经验和教训，那么他也就不可能拥有成功的人生。

其实，并非只有英雄永不言败，越是作为人生的失败者，我们越是应该鼓起勇气，越挫越勇，这样才能帮助自己不断从失败中站起来，在新的起点上奋勇前进。每个人都会遭遇失败，只有在摔倒后爬起来的强者，才能再接再厉，永不停歇向前的脚步。

从某种意义上来说，适当认输就是保存自身的实力。美国有位著名的拳王曾经说过，没有任何一个拳手能够打遍天下无敌手，唯有在适当的时机选择认输，才能帮助自己保存体力，从而再接再厉，获得更多的胜利。人生不能逞强，而要学会适当认输，从失败中汲取宝贵的经验教训，只有这样，我们才能不断提升和超越自己，从而帮助自己赢得人生的胜算。

天不晴是因为雨没下透

人生旅途漫漫，难免会遇到很多困难甚至是灾难，我们改变不了现状，但可以改变自己的心态，每当你遇到困难时，不妨以此激励自己：“既已这样，事情还能糟糕到哪去？”正如俗语说的那样：天不晴是因为雨没下透，下透了，也就晴了。

在荷兰的阿姆斯特丹市有一座宏伟的大教堂，它建于15世纪，教堂内有一句很醒目的题词：“事已至此，别无选择”。这句话在告诫世人，当厄运或不公正的待遇降临到人们头上时，如果无法改变它，就要学会接受它、适应它。

“还有什么比现在更糟糕的呢？”这是一种达观的人生态度。在逆境或灾难中，抱着这样一种心态，凡事不焦躁，把一切交给时间处理，能适度保护自己。由此看来，很多情况下，一个人的处世态度，直接影响着他的人生经历、人生体验。即使出生背景一模一样的两个人，如果人生态度不同，人生历程也会迥然不同。同样，固然命运多舛，只要有积极向上的处世态度就能享受成功的快乐，品味生活的乐趣。

人生苦短，我们确实渺小得如一粒尘埃，但无论生活给予我们怎样的挫折，我们都不能一蹶不振，而应该勇气地站起来，正如张海迪所说：“即使跌倒一百次，也要一百零一次地站起来。”失败并不可怕，可怕的是一蹶不振，一个人不仅要有天资、勤勉、进取之心，还要有一种经受得住挫折和磨难的韧性，这样才会使人生臻于完善，走向理想的归宿。

曾经有位叫希伯尼的医生发现，他能预知哪些癌症病人会痊愈，他只要问癌症病人：“你想活到一百岁吗？”那些对于人生目标有深切追求的病人会说：“当然想。”而这些病人大多数可以痊愈，因为人生有目标就有希望。事实上，任何人的一生都是如此，只要你决定要过一个目标导向的人生，你的生命就会有奇妙的改变。

然而，现实生活中，总有人一味沉溺在已经发生的事情中，不停地抱怨，不断地自责。这样一来，自己的心境越来越糟。这种对已经发生的无可弥补的事情不断抱怨和后悔的人，注定会活在迷离混沌的状态中，看不见前面一片明朗的人生。之所以这样，是因为经历的磨炼太少。

挫折是一种珍贵的资源，也是一种人生财富。古今中外的理论和实践都证明：挫折教育可以增强孩子的适应能力帮助他们磨炼意志，形成自我激励机制，这正是一个人成长所必不可少的“壮骨剂”。

接受现实你才能重新起航。朋友，别以为胜利的光芒离你很遥远，当你揭开悲伤的黑幕，你会发现一轮火红的太阳正冲着你微笑。请用一秒钟忘记烦恼，用一分钟想想阳光，用一小时大声歌唱，然后，用微笑去谱写人生最美的乐章。

接受婚姻中的不如意，用它们反讨快乐

生活中的每一个人，都希望自己爱情顺利，与自己的爱人长相厮守，这是人们的美好愿望。但实际上，我们不难发现，不少人在婚姻生活中遇到了情感危机，此时，该如何是好呢？一拍两散？还是主动示好？再或者是好言相劝？此时，我们应该做的是冷静下来，理性处理，宽容对方，让对方重新感受恋爱与婚姻中的甜蜜，从而让婚姻绝处逢生。你应该明白的是，没有痛苦的体悟，又怎会有欢乐的珍贵呢？宽待你的爱人，宽待你的感情，你才有可能拯救已经出现裂痕的爱情。

一名男子在经历了几年的打拼后，事业有成，但对自己的婚姻却产生了厌倦的情绪，对妻子的闺蜜产生了好感。在几经思索后，他决定邀请妻子闺蜜共进晚餐，而对方也答应了她。

出门的时候，他向妻子撒了个谎，说晚上有应酬，晚点回来，妻子也没说什么。

男子如约而至，妻子的闺蜜等候已久。于是，男子开始与

其交谈，席间，自然要免不了谈到他们共同熟识的人——妻子。男子他抱怨妻子如何如何地让他感到厌倦，说妻子只懂得柴米油盐，不懂得浪漫。当他试图握住妻子女友的手表白心意的时候，妻子女友对他说，对不起，时间到了，我答应了我的朋友。

他惊讶地说："你朋友是谁？"

妻子女友说："你的妻子。"

他愕然了，妻子女友的举动使他觉得很惭愧，怎么能这样对待勤勤恳恳的妻子呢？

他拖着沉重的脚步推开家门的时候，妻子在等他。妻子对他说，这不怨你，我还有做得不到位的地方。他感到无地自容，只有深深的愧疚和感动。他们俩紧紧拥抱在了一起。

后来的日子，他们彼此之间多了一分信任，一分恩爱。

对待爱人感情的出轨，一百个人有一种处理方法。有的人以报复来求心理平衡，有的人扯着对方的衣领上法院，有的人与"第三者"撕打成一团。但故事中的妻子是一位大度的女人，当朋友告诉她自己的丈夫有出轨的想法时，并没有气势汹汹地和丈夫吵闹，而是给丈夫一次反思的机会。然后心平和气地承认自己的不足，并表示自己是爱丈夫的。她的智慧与宽容挽救了她的家庭以及幸福。婚姻中出现裂痕，双方都有着不可推卸的责任，这是情感专家调查的结果。而此时，宽容就是一副拯救婚姻的良药，不仅能帮助夫妻双方增进感情，更能把婚外情扼杀在萌芽状态。

当今社会里，物欲横流，感情泛滥，情又为何物？婚姻总是被背叛、出轨、一夜情这样的毒素所充斥。一些男人女人经常会用一句最简单的话“对爱人没有了激情！”作为出轨的理由，去追寻激情。可是，激情过后，他们会发现，外面的世界虽然精彩，可是也充满无奈和虚伪，平淡才是真，爱人才是你永远的守侯。而在此过程中，作为受伤害的一方，如果你向爱人表达愤怒、不满甚至与之展开战争，那么，只会加快对方离开的脚步，而如果你能冷静处理，尊重其选择，那么，他（他）必当会顾及旧情，念及你的明理、善良等，婚姻才有转机。

从“相敬如宾”到“相敬如冰”再到“相敬如兵”，从一往情深到两情相倦，从相看两不厌到相看两厌，从“执子之手与之偕老”的美好宿愿到“转过身之后从此陌路”，感情变质的速度让人难以承受。当婚姻里的情感陷入危机时，你也可能会慨叹“早知今日不该当初”，就会有“如果当初如何如何，现在就不会怎样怎样……”的心理。但处理感情问题，切不可暴躁，必须冷静。冷静才能分析出问题的根源。如果冷静分析之后，还找不到在一起的理由，那就应寻找出路了。

现代爱情和婚姻已经越来越宽容，爱不是卖身契，谁都不是卖给对方的，有缘分才能一辈子白头到老，没有缘分大可不必强迫对方对你“从一而终”。该是你的，永远会是你的，不该是你的，强迫的婚姻没有任何幸福可言。

其是，我们的一生正是因为出现的磨难才精彩。百无聊赖的人生，感受不到成功的喜悦，最终得到的只是冰冷的失落。不曾遭遇失意和痛苦，欢乐和幸福只能是表面的、脆弱的；经历磨难，而不能泰然处之，也就永远不会真正地、深沉地实现辉煌的人生。正因为如此，当你的爱情出现瑕疵时，如果你困于这种“不如意”之中，终日惴惴不安，那生活就会索然无味；与之相反，如果你能抱着宽容的心面对爱人，那么，灿烂的爱情主旋律必定会再为你弹奏。

总之，如果你的婚姻亮起红灯，冷静处理，不激化矛盾，不扩大纷争，既是保护自己，也会给婚姻一线生机。退一步讲，分手也并不是世界末日，面对分手，从心灵上呵护自己，从经济上考虑自己，倒是必要的。因为即使没有了婚姻，但生活还要继续……投入地爱，但不失去自我，的确是现代人面对婚姻所需要的基本智慧。

做最坏的打算，朝着最好的方向前进

在生活中，我们总是能够期待事情朝着好的一面发展。然而，却往往事与愿违。其实，事情的发展都是多向性的，不可能完全按照我们的意愿去发展。很多时候，我们明明觉得已经万事俱备，只欠东风了，但是在实际操作的过程中，事情总是因为各种各样的原因而发生很多微妙的变化。正如“蝴蝶效应”所描述的那样，在一个动力系统中，初始条件下微小的变化可以使整个系统产生长期的巨大的连锁反应。这是一种混沌现象。

在社会上，在诸如天气、股票市场之类的在一定时段难以预测的相对复杂的系统中“蝴蝶效应”非常常见。广泛地说，事物发展的结果，对初始条件具有非常敏感的依赖性，初始条件的极小偏差，就有可能引起结果的巨大差异。在社会学界，“蝴蝶效应”主要说明了下面这个道理：对于一个坏的微小的机制，假如不加以及时地引导、调节，那么就会给社会带来非常大的危害，戏称为“风暴”或者“龙卷风”；与此相反，对于一个好的微小的机制，假如加以正确的引导，那么只要经过一段时间的努力，就能产生轰动效应，也有人将其称为“革命”。

从蝴蝶效应中，我们不难得出一个道理，即事情有可能变得更好，也有可能变得更糟糕，只需要其中一个小小的改变。所以，当我们为事情糟糕而感到伤心绝望的时候，或者当我们为事情没有得到更好的结果而觉得遗憾的时候，不如想一想事情也有可能变得更加糟糕。如此想来，你就能够变得更加释然，为自己得到眼下的结果而感到庆幸。正是因为如此，很多人在做事情之前会先把最坏的结果考虑清楚，这样一来，不管结果如何，对他而言都是最好的结果。相反，假如有人在真正开始去做事情之前，总是想着最好的结果，那么，对他而言，任何其他的结果都是很糟糕的。实际上，这只是因为心理预期的不同。为了使我们更加乐观地对待发生的事情，我们不妨想一想，事情本有可能变得更加糟糕。

生活中的我们应该做好最坏的打算，然后再朝着最好的方向努力，这样一来，每一个结果都是很好的结果，你也能够怀着愉悦坦然的心情接一切的可能。

成长是一个破茧而出的过程

“故天将降大任于斯人也，必先苦其心志，劳其筋骨，饿其体肤，空乏其身，行拂乱其所为，所以动心忍性，曾益其所不能。”如果一个人舍不得让自己吃苦，那么也就注定会一辈子受苦，很多时候我们需要对自己狠一点，这样才能激发自己的斗志。“吃得苦中苦，方为人上人”，不要把苦难当成不可逾越的伤痛，也不要把它看得如此消极，一个人只有经历了艰难困苦的磨炼，才能真正树立起战胜困难的信心，在日后的人生中坦然面对各种挑战。

成长是一个破茧而出的过程，美丽的蜕变中蕴涵着千回百折的磨砺，而正是这个不断战胜困难的过程，才使得我们攀到了新的高度。想要不再吃苦，你就要积极主动地去战胜苦难，严格要求自己、付出艰苦努力，是获得成功的关键。蜜蜂辛苦劳作，最终酿造出香甜的蜂蜜。在个人成长的道路上，我们取得的每一次进步都有赖于艰苦的奋斗和拼搏。

请享受无法回避的痛苦

王阳明有言：“凡‘劳其筋骨，饿其体肤，空乏其身，行拂乱其所为，动心忍性，以曾益其所不能’者，皆所以致其良知也。”意思是自古至今，凡成大事者都经历了一番苦痛挣扎，人生需要磨练，只有经历了才能真正懂得，才会真正蜕变。王阳明从12岁立志做圣贤之人，到悟道复出已经年至三十有余，这一路可以说是曲曲折折，从最初的沉溺侠客之行，而后沉溺骑射，接下来考科举沉溺辞章，步入仕途却沉溺神仙的修行，最后一次沉溺于佛学的修行，一生经历坎坷，最终成一代心学大师。

有一句名言：“请享受无法回避的痛苦，比别人更早更勤奋地努力，才能尝到成功的滋味。”只有忍耐风雨，才会等来彩虹。自古以来的许多卓有成就的人，大多是抱着不屈不饶的精神，忍耐枯燥与痛苦之后，从逆境中奋斗挣扎过来的。在人生的道路上，我们常常会遭受不同的挫折与困难对于挫折，人们有着不同的理解，有人说挫折是人生道路上的绊脚石，有人却说挫折是垫脚石，所谓“百糖尝尽方谈甜，百盐尝尽才懂咸”。与河流一样，人生也需要经历了洗练才会更美丽，经过了枯燥与痛苦之后，才能收获成功的果实。

忍耐枯燥与痛苦是成功的必经之路。人生不可能是一帆风顺的，总是会有这样或那样的挫折与困难，这就需要我们去忍耐这个战胜挫折过程中的枯燥与痛苦，甚至是失败。这一切都需要忍耐，如果没有坚强的意志力，就难以忍受这些不如意，最后就不能获得成功。如果你想赢得成功，就不得不忍耐这路程中的枯燥与痛苦、失败与辛酸，在忍耐之后继续奋斗，这样你才有力气走到最后，才能走向通往成功的路途。

许多年前，一位颇有社会地位的女性到美国罗纳州的一个学院给学生发表讲话。虽然，这个学院规模并不是很大，但这位女性的到来，使得本来不大的礼堂挤满了兴高采烈的学生，学生们都为有机会聆听这位大人物的演讲而兴奋不已。

经过州长的简单介绍，演讲者走到麦克风前，眼光对着下面的学生们，向左右扫视了一遍，然后开口说："我的生母是聋子，我不知道自己的父亲是谁，也不知道她是否还活在人间，我这辈子所拿到的第一份工作是到棉花田里做事。"

台下的学生们都呆住了，那位看上去很慈善的女人继续说："如果情况不尽如人意，我们总可以想办法加以改变。一个人若想改变眼前不幸或无法尽如人意的情况，只需要回答这样一个简单的问题。"接着，她以坚定的语气接着说："那就是我希望情况变成什么样，然后全身以投入，朝理想目标前进即可。"说完，她的脸上绽放出美丽的笑容："我的名字叫阿济·泰勒摩尔顿，今天我以美国唯一一位女财政部长的身份站在这里。"顿时，整个礼堂爆发出热烈的掌声。

阿济·泰勒摩尔顿是一位生母是聋子、不知道亲身父亲是谁的女性，是一位没有任何依靠、饱受生活磨难的女性，而恰恰是这位外表柔弱的女性，竟成为了美国唯一一位女财政部长。说到自己的成功，她却只是轻描淡写地说："我希望情况变成什么样，然后就全身心投入，朝理想目标前进即可。"她忍耐了风雨，所以最后等来了彩虹。

格哈德·施罗德出生在一个工人家庭，小时候，父亲在远征苏联的战争中牺牲，施罗德兄妹五人与母亲相依为命。有一段时间里，他们住在一个临时搭建的收容所里，尽管母亲每天工作长达14个小时，但仍然不能满足家里的开支。年仅6岁的施罗德总是安慰母亲："别着急，妈妈，总有一天我会开着奔驰来接你的。"

逐渐长大的施罗德进了一家瓷器店当学徒，后来又在一家零售店当学徒，1963年加入了民主党。在之后的10年里，他读完了夜校和中学，后来到格丁根通过上夜大来攻读法律。大学毕业后，他获得了律师资格，成为了一名律师，不久之后，他当选为社民党格廷根地区青年社会主义者联合会主席。在以后的日子里，施罗德一直活跃于德国政坛，46岁那年，施罗德再次竞选成功，成为萨克森州州长，就是在这一年，施罗德实现了儿时的愿望，开着银灰色奔驰轿车将母亲接走了。也许，是儿时的苦难记忆，使施罗德在人生的道路上丝毫不敢懈怠，8年之后，施罗德一举击败连续执政16年之久的科尔，当选为德国新总理。

童年时期的施罗德曾在杂货铺里当学徒，那时他常说的一句话是："我一定要从这里走出去！"他成功了，而且，比自己想象中走得更远。即使，在成功的路上伴随着困难，但是，施罗德从来没有把困难当成一回事，儿时的记忆让他明白：自己必须忍耐贫穷生活带来的枯燥与痛苦，不断地向前行，才能等来彩虹。

如果经不起挫折，忍受不了挫折带来的痛苦与失败，我们就将被在毫无希望的生活击倒，永远没有前进的方向。凡是能够成大事者，他们必须耐得住痛苦，忍受得了失败的打击，因为成功需要风风雨雨的洗礼，而一个有追求、有抱负的人，总是会视挫折为动力。在忍耐了那么多的枯燥与痛苦之后，我们将看见最美丽的彩虹。

第04章

人无完人，学会为自己喝彩

在生活中，我们总习惯于为别人喝彩，羡慕别人看起来很完美的样子，而对自己一些突出的优点却选择视而不见，不以为然。即便自己做出了什么成绩，也不愿意为自己喝彩，反而低下头妄自菲薄。

做自己，人生才能精彩

生活中，我们常说“人无完人”，这句话的意思是，人都是有不足的。但这并不代表我们一无是处，因此，我们大可不必因为别人比自己优秀而妄自菲薄，做自己，才能活出精彩。

心理学家认为：如果一个人自惭形秽，那他就不会成为人生赢家；如果他不相信自己的能力，那他就永远不会是事业上的成功者。从这个意义上说，如果你是个自卑的人，那么，树立自信心是战胜自卑感的最好的方法。

哲人说得好，你听到的并不一定完全正确，因此不要因为他人的议论而妄自菲薄，否则就会陷入自卑的“心灵监狱”。的确，我们发现，总是有一些人，他们除了拿自己的缺点与别人的优点相比外，还喜欢听那些不该信的话，然后，他们便看不清真正的自己，埋藏了自己的潜力，最终，他们变得自卑不堪。

我们经常提起“情商”这一问题，其实，一个高情商的人始终是自信的，他们能对自己做出一个正确、客观的评价，在人际交往中能表现出大方的姿态，最终，他们也能获得别人的信任。

因此，我们有必要把树立自信心作为培养情商的一个重要方面。

我们先来看下面一个职场故事：

小蕾是个很勤奋的姑娘，但就是有个缺点，那就是有点自卑，甚至做事扭捏。她在现在这家广告公司已经工作了五六年了，但这么长时间以来，她好像就是个可有可无的人，因为她几乎从未接过什么重要的任务，尽管在大家看来，小蕾是个人品好、工作认真的女孩。

最近，她似乎转运了，在公司的选举大会上，她被同事们选举为公司新部门的副主管，她总算进入了中层管理人员的行列。她好运连连，公司还给她安排了去法国总部进修的机会。

一直业绩平平的小蕾居然有这么多机会，这让很多人都急红了眼，他们都争相往老总的办公室跑，希望也能争取到这个机会。

这天上午，小蕾正在整理资料，她接到电话，经理让她去一趟，当她坐下，经理笑着说："这次你被老总点名派去法国进修，说明公司对你寄予了厚望，你的工作能力和态度也是一直被公司肯定的，但这几天，一些资历老的同事不断来找我，让我十分为难，你也知道，说实话，他们的资历真的比你老，工作能力也不比你差，如果你能让步，下次我一定再给你争取更好的机会。"

经理说完这些话后，小蕾傻站了半天，她不知道该怎么办。接着，经理让她回去好好想想。

小蕾实在不知道怎么办，最后，她决定给自己的好朋友秦玲打个电话，让她为自己支个招。秦玲从来都是个很有主见的人。

秦玲听她说了个大概，马上就笑了：“如果你让出这次机会，你觉得别人在背后会怎么议论你？”

小蕾没明白过来，说：“我怎么知道啊？”

秦玲叹了口气，说：“你以为别人会说你善解人意、先人后己吗？别傻了，他们会说你傻、缺心眼、没脑子。已经到手的学习、升职的机会你拱手于人，他们不但不会感激你，还认为你是个白痴呢。而你的领导，也可能认为你缺乏干练的工作能力，你认为他下次会真的把机会留给你？你就别做梦了。”

小蕾急了：“可是，经理还等着我回复呢，我要是不答应，那以后我还怎么在公司混啊？”

秦玲说：“我劝你还是直接说自己需要这次机会，否则，你经理可能还会认为你扭捏作态呢。再说，万一这是他故意试探你的呢？如果你真的退让了，让别人拿走本该属于你的机会，以后他会稳稳当当地继续当领导，或者升职调去其他部门，那么你能剩下什么、得到什么？等到下次，说不定又有人要跟你抢呢。”

小蕾觉得秦玲的话很有道理，于是，就采纳了她的意见，回复人事部经理说："我很感激公司和经理对自己的栽培，很珍惜这次出国进修的机会，所以我不想让出这个机会。"

进修回来后的小蕾果然干练、大方多了，少了过去的很多稚气。

这则案例中，我们看到了一个自卑害羞的女孩的成长过程，刚开始的小蕾显得很不自信，庆幸的是，她得到了好朋友的指点，大胆表达了自己的想法，获得了历练的机会。

可见，只有大方为事，只有自信，才能让别人相信你。生活中，我们可能更在意别人对我们的评价，我们无时无刻不在展现我们的心态，无时无刻不在表现希望或担忧。但如果别人不相信我们，如果别人因为我们的思想经常表现出消极软弱而认为我们无能和胆小，那么，我们将永远不可能担当大任。

心理学家认为，内控的人认为自己可以掌握一切，外控的人认为自己事事受制于人。如果你内心自卑、妄自菲薄，并且也不愿意去克服，那么谁也无能为力。

以下是克服这一错误意识的几种方法，你不妨尝试一下：

1.客观地认识自己

意思就是不仅要看到自己的优点，也要看到自己的缺点，并客观地给予评价。要做到这一点，除了自己对自己的评价，还要注意从周围人身上获取关于自己的信息。这些人可以是我们的父母，也可以是我们的朋友，也可以是我们的同事，只有这样，我们才能够逐步形成对自我的全面客观的认识。

2.全面地接纳自己

接纳自己的优点，而容不下自己的缺点，是很多人容易犯的错误。一个人首先应该自我接纳，才能为他人所接纳。

因此，真正的自我接纳，就是要接受所有的好的与坏的、成功的与失败的。不妄自菲薄，也不妄自尊大，不卑不亢，才能健康地发展自己，逐步走向成功。

你还需要积极地完善自己的不足。这些不足，指的是某些“内在”上的，比如，学识、技能、素质等。

3.理性看待别人对你的批评

因为别人批评你是免不了的，如果你对别人的批评很在意，心理上就会很难过，愈辩就愈黑；如果你以理性的态度、开放的心情去接受，心情反而会坦然。

不必太在意你的缺陷

一个人没有漂亮的鞋子，为此伤心地哭泣。突然，有一个拄着双拐的人来到他的面前，问：“亲爱的朋友，你为什么哭呢？”那个人难过地说：“我的鞋子一点儿都不漂亮，我想要一双漂亮的鞋子。”拄着双拐的人长叹一口气，说：“朋友，在我这样一个连脚都没有的人面前因为没有漂亮的鞋子而哭泣，你未免也太贪心了！”这就是生活。生活中，有些人拥有很多值得别人羡慕的一切，却因为无休止的欲望，更加奢望一些东西。有些人呢，命运对待他们太残酷，甚至剥夺了他们的健康，让他们没有健全的肢体，他们却依然要顽强地活着。和这些身体残疾却坚强不屈的人相比，我们拥有健全的肢体，还有什么可奢望的呢？我们应该学习他们诸如张海迪、海伦、桑兰等，即使身体有小小的缺陷，我们也不应该放弃生的希望和勇气。

很多缺陷都不是致命的，最严重的缺陷是全身瘫痪，只有大脑还能进行简单地思维。即便如此，他们也顽强而又乐观地向死而生，充实地度过生命中的每一天。只要心理健康，一切缺陷都不足为惧。

在一岁半之前，海伦是个活泼、健康、快乐的孩子。正当她开始学会用眼睛欣赏花朵的美丽，用耳朵倾听小鸟的啼鸣时，她因为一场大病失去了听力和视力。从此，她的世界变得一片黑暗，寂静无声。渐渐地，她忘记了如何发声，连话也不会说了。但是，她非常顽强地成长，就像一株生命力顽强的野草。在七岁那年，海伦拥有了家庭老师，这是爸爸妈妈特意为她请来的。在家庭教师的帮助下，海伦开始学习文化知识。这位家庭教师小时候也差点儿失明，因此，她非常理解海伦的感受，也深刻理解海伦的痛苦。在老师用心的、充满爱的照顾下，海伦渐渐学会了认字、读书，还通过抚摸别人的嘴唇，学会发声，从而能够用语言表达自己的想法。

在无声无光的世界里，学习自然难度极大。为了帮助海伦更好地学习，老师常常带她走进鸟语花香的大自然，让她感受风，感受雨，感受各种新鲜的事物，由此增强她的理解能力和记忆能力。海伦自身也非常勤奋好学，再加上老师的用心教授，她居然完成了大学课程的学习，成为了一名大学生。在知识的海洋里，海伦自由地翱翔。在大学学习期间，为了鼓舞更多的人扬起生命的风帆，海伦根据自己的经历写了一本书，名为《我生命的故事》。在这本书里，她详细记述了自己和疾病抗争的过程，表达了顽强乐观、永不屈服的精神。很多残疾人读了这本书后，都对身残志坚的海伦敬佩不已。即使是拥有健康身体的人，也因此变得更加热爱生命。很快，这本书就被译成多种语言，在世界上的很多国家都畅销。从此之后，海伦一发而不可收，又创作了很多著作，并且在世界各地进行演讲，帮助人们树立生的希望和勇气。对于自己的人生，海伦非常感谢她的家庭教师。是她的老师，帮助她从精神上站立起来，变得自立自强，最终赢得了所有人的尊重。

缺陷，并非是致命的，而是能够克服的。只要活着，我们就要努力给社会做出贡献。生命存在的意义，就是为社会创造价值。对于每个人来说，不管身体是健全还是残缺，只要竭尽所能地为社会带来热量，创造存在的意义和价值，就是精彩的人生。

年轻人们，如果你拥有健全的身体，那么应该为自己感到庆幸；如果你不幸是残疾人，也不要因此而放弃生命。想想张海迪、海伦，想想保尔柯察金，他们都是我们鼓起生命希望的榜样。只要身残志坚，我们就能让自己的生命绽放光彩！

残疾，不等于残废。虽然肢体的不健全也许会给我们的生活带来很多障碍，但是这些障碍都是可以跨跃的。生命的延续，需要我们扬起希望的风帆，鼓起勇气，绝不放弃。每个人的存在都可以创造价值，只要我们不放弃生命，一切都皆有可能。

发挥潜力，成就最优秀的自己

尽管每个人都自以为了解自己，但是不可否认的是这个世界上依然有很多人并不熟悉自己，甚至因此而变得盲目悲观、自轻自贱，或者盲目乐观、自高自大。这无疑是人们对待自身的两种极端态度，都是不好的。对于任何人而言，只有客观地认识自己，给予自己中肯的评价，意识到自己的优点和缺点，才能最大限度地挖掘出自身的潜力，发挥自己的潜能，成就最优秀的自己。

认识自己一定要积极主动。如果一个人始终对自己懵懂无知，只等着别人对自己批评指正，或者是遇到重要情况才能主动反思，无疑很被动。人刚刚出生时就像一张白纸，到离开人世时的满目沧桑，这一生之中必然要经历各种各样的事情，既有好的，也有坏的，还有很多事情是出乎预料的惊喜或者惊吓。在这种情况下，唯有更好地认识自己，我们才能占据主动权，未雨绸缪，也因为提前了解自身而给予自己更多的时间和空间，从而做出正确的选择。

当然，认识自己免不了要寻找合适的方法和途径。唯有方法正确，才能效率倍增，从而事半功倍。否则，就会因为南辕北辙，不得方法，而效率低下，甚至毫无成果。古人云，一日三省吾身，自省无疑是认识自己的好方法。在现实生活中，每个人每天都应该有所收获，有所反省，在一天结束之际及时反思自己，我们才能更好地面对自己，也提升和完善自己。当然，所谓一日三省吾身，不但告诉人们应该自省，更提醒大家自省必须讲究时效性。否则，一旦失去时效，比如说三天前发生的事情没有及时反省，而是等到三天之后偶然想起，才漫不经心地想了想，自省的效果将会大打折扣。此外，认识自己还可以借助于别人的评价。所谓不识庐山真面目，只缘身在此山中。很多情况下，人们看待自己往往带着主观的意味，从别人的评价上认识自己恰恰避免了视觉的局限性，能够帮助我们更加客观地认识别人眼中的自己，从而有则改之，无则加勉。当然，不管是采取自主反省的方法，还是采取借助于他人的方法认识自己，我们都必须坚持辩证唯物主义的观点，这样才能一分为二地看待问题。也许你的某个自以为是的优点，换个角度或者改变情境就是缺点，也或许你的某个缺点有时候恰恰能成为受人欢迎的优点。总而言之，缺点和优点也并非绝对的，世界在不断地发展进步，任何情况下，我们都要一分为二、与时俱进地看待问题。

在这次竞聘过程中，张宇之所以能够过五关斩六将一举夺魁，就是因为他对自己的分析非常深刻透彻，因而赢得了领导的信任和赏识。

这次是公司内部的竞聘，因为原市场部经理去了外地分公司担任老总，所以公司领导决定从公司内部提拔一名销售人员担任市场部经理的职务，一则是因为公司内部人员对公司比较熟悉，不需要适应和磨合；二则也可以借此机会激励销售部的员工们，使他们更加明确目标，勇往直前。得到招聘通知后，大家的确都很兴奋，尤其是那几个一直以来业绩都很稳定且突出的销售人员，更以为自己一定能够凭借优秀的业绩取胜。在这几个实力相当的人里，张宇的业绩平均起来是最差的。不过，他也是情商最高的。看着其他同事们忙忙碌碌做准备，都拿出了压箱底的证书啊，奖杯啊，他不免嗤之以鼻，他很清楚，公司需要的是一个管理人才，业绩虽然也作为参考，但是业绩好的人未必适合管理，因而他决定把侧重点放在展示自己的情商和管理能力上。果不其然，面试过程中面试官提出了很多关于管理上的问题，其他同事因为准备不够充分，都回答得磕磕绊绊，张宇却非常流利，而且信心十足的样子。最终，张宇如愿以偿地成为市场部经理。

在几个佼佼者中，业绩平平的张宇之所以能拔得头筹，就是因为他善于自我反省，也知道自己的优点和不足，从而扬长避短，取长补短，在面试过程中表现出了自己最好的一面。如此一来，他才能战胜其他对手，如愿以偿地得到晋升。

朋友们，人贵有自知之明。我们既不要妄自菲薄，也不要盲目自大。唯有客观中肯地认识自己，我们才能最大限度发挥自身的能力，使自己在生活和职场中如鱼得水，游刃有余。

高举双手，为自己鼓掌

生活中，常常有些人自以为是，他们不管什么事情都觉得自己是对的，而觉得他人是错的，还有强烈的控制欲，恨不得让每个人都按照他们的思想去做人做事，与他保持统一。即便是孩子对于父母，也不会如此百依百顺，何况是原本彼此毫无关系的个体之间呢！由此可见，自以为是要不得，它不但会使我们自我膨胀，也会使我们变得盲目乐观和自信，即自高自大。然而，凡事物极必反，虽然不能自以为是，也不能过度谦虚，不能一味否定自己，哪怕是对于自己的优点，要给予充分的肯定。

在这个世界上，一个人要想获得成功，一定要拥有自信。一个人如果没有自信，是不可能做成任何事情的。这就意味着，我们既要认识到自己的缺点和不足，也要认识到自己的优点和长处，唯有恰到好处地肯定自我，才能激发出我们的信心，也使我们能够信心百倍地面对未来的生活。举个最简单的例子，面对生活中的难题或者工作中的艰巨任务，假如一个人总是告诉自己“我不行”“我不行”“我不行”，则他一定无法充满信心地面对未来的生活。这其中，既有自己给自己泄气的原因，也有消极的心理暗示起到的作用。与此恰恰相反，假如一个人在艰难的处境或者艰巨的任务面前，总是告诉自己“我能行”“我能

行”“我能行”，则他们就会满怀信心和希望，做起事情来动力十足。与此同时，因为积极的心理暗示，他们也会得到源源不断的动力。由此一来，怎能不事半功倍，马到成功呢！

19世纪末，一场演出正在伦敦的某个剧场举行。然而，台上的演员因为准备不够充分，突然间忘词了，站在台上瞠目结舌，演出再也无法继续进行下去。台下的观众们先是等待，继而开始起哄，还有些观众一起要求剧场老板退票。情急之下，剧场老板只好找人救场，但是寻觅了一圈之后，没有人有胆识有魄力地在这种情况下收拾烂摊子。正当老板急得如同热锅上的蚂蚁之际，一个五岁的小男孩毛遂自荐：“我可以吗？让我试试吧，好吗？”其他的工作人员都对这个小男孩不以为意，剧院老板看到小男孩自信的眼神，再加上一时之间也的确找不到其他的合适人选，因而只得答应。小男孩落落大方地走上舞台，毫不怯场，在舞台上连蹦带跳，很快就把下面的观众逗得哈哈大笑起来。很多观众看得高兴，还把钱币扔到舞台上，作为对小男孩的奖赏。看到气氛如此热烈，小男孩更加从容自如，居然还边跳舞边唱歌。就这样，在小男孩的帮助下，剧院老板顺利渡过了危机。

转眼之间，几年过去了，法国大名鼎鼎的小丑明星马塞林来到伦敦进行表演。当时，马塞林的表演需要一只猫和一个演员来配合，因为马塞林实在是赫赫有名，很多优秀的演员都不敢与其同台演出，这时，又是几年前救场的那个小男孩再次毫不犹豫地站出来，成为马塞林的搭档。事实证明，小男孩聪明机灵，和马塞林配合默契，获得了大家的一致赞赏。这个小男孩就是日后成为世界级幽默艺术大师的卓别林！

年仅五岁的卓别林，就能够在众人都不敢救场的情况下主动请缨，担当大任，几年之后又勇敢地与马塞林同台演出，不得不说他勇气可嘉，值得赞许。也正是因为这份自信和对自己的肯定，使他在未来的艺术生涯中始终能够战胜重重困难，勇往直前，最终颇具艺术造诣，为自己赢得了辉煌的人生。

毋庸置疑，每个人都想表现自身的才华，也都想实现人生的伟大梦想。然而，一旦机会真正到来，那些过于谦虚、总是否定自我的人却会在犹豫和纠结中失去机会。唯有适当地进行自我肯定，保持足够的自信，我们才能抓住转瞬即逝的好机会，帮助自己不断提升，有所成就。

既要拥抱完美，更要接纳缺憾

完美的人生，当然人人都想追求。遗憾的是，这个世界上根本没有真正的完美存在。大多数情况下，人们不得不接受人生的缺憾，也接受自己的不完美，这就是人生的无奈。很多人偏偏不愿意就范，偏要拒绝缺憾，追求完美，如此只会让自己陷入焦虑的深渊，被无法调和的完美与缺憾之间的矛盾，逼得要抓狂。

很多人的人生都以完美为目标，其实这么做只会让自己远离幸福和快乐。记得曾经在一个论坛里看到，有个男人有洁癖，每天都要拖地，而且每次拖地都是三遍，第一遍用加入了洗衣液的水，第二遍和第三遍用清水。对于这个男人的洁癖，原本应该乐得清闲的媳妇都受不了了，大呼难以忍受。最让人尴尬的是，这个男人一旦看到地上有任何水渍或者灰尘，都感到难以忍受。要知道，生活是柴米油盐酱醋茶，是接地气有人气，而不是纤尘不染的人间仙境。可以想象，那个男人自己也必然觉得很焦虑，因为只要人在家里，他就会情不自禁地盯着地面，从而导致自己根本无法放松下来。

人生肯定是会有缺憾的，从某种意义上来说，人生也正因为有了缺憾的存在，才变得更加完美。既然缺憾无法改变，我们不如换个角度看待缺憾。其实，人生的很多事情都取决于我们的心态，这就像是恋爱中的情人眼里出西施一样，一个人即使再丑，只要你爱他/她，也觉得其美若天仙。如果我们不是抱着排斥的态度，而是抱着欣赏的态度去接纳缺憾，我们甚至能够发现缺憾的可取之处，使其成为我们可以利用的优点。这就是不同角度和不同心态的神奇作用。

作为一个果农，约翰若干年来一直在地处偏僻、气候寒冷的高原上种植果树，只为了给那些老主顾最好的水果。约翰主要种植苹果，因为苹果便于储存，也方便运输。每年，为了提高苹果的甜度，约翰都会等到霜降再摘苹果，这样顾客们才能吃到清甜甘冽的苹果。然而，这年冬天，气温突降，正当约翰等着霜降之后摘苹果时，却突然降下了大冰雹。短短的几个小时之后，原本红艳艳的苹果就变得坑坑洼洼，伤痕累累。约翰心痛不已，这可是他一年辛苦劳作的成果啊，就这样付诸东流了。最关键的是，约翰的客户都是老主顾，如果今年的苹果不能让他们满意，那么他们一旦从其他渠道买到美味的苹果，也许就会不再对约翰“忠心耿耿”了。

约翰恼火地蹲在果园里，随手从地上捡起一个丑陋的苹果啃了起来。突然间，他惊喜地发现这个看起来丑陋不堪的苹果，居然非常清脆可口，而且甜度更高，汁水更多。约翰再次盯着苹果丑陋的外表，若有所思。最终，他想出了一个好主意。他像往常一样把苹果打包，但是他精心地写了一封信，塞在苹果箱子里。他在信里写道：“亲爱的顾客们，这次的苹果因为高原上气候多变，遭遇了冰雹，导致原本红艳艳的大苹果全都毁了容。幸好，苹果虽然看起来丑陋，但是品质没有改变，甚至有所提高。

这都是因为高原的恶劣气候孕育出了最高品质的果实，也因此它们才变得面目全非。不过，看在风味独特的果糖份上，请你们原谅这不那么招人喜爱的苹果吧。相信我，只要吃上一口，你们就会爱上这个‘灰姑娘’的。”顾客们读了这封信，受到好奇心的驱使，全都迫不及待地品尝苹果。果然，“灰姑娘”没让他们失望，他们甚至期待着第二年还有这样美味的苹果可以享用。

原本，苹果遭遇冰雹之后变得面目全非，失去卖相，但是约翰却在伤心之余发现了苹果独特的风味，因而把这个缺点转化为优点，向客户大力推荐。果不其然，这种“灰姑娘”苹果，得到了大家的一致好评，毕竟大家对于苹果的终极追求是口感，而不是华而不实的外表。也因为约翰的大力宣传，大家还把苹果的累累伤痕作为产自高原的独特标志，从而约翰的苹果也打出了自己的品牌。

因为这些有缺憾的苹果，约翰非但没有失去一年辛苦劳作的成果，反而真正做到了让自己的苹果与众不同。从此以后，只怕人们只认约翰的灰姑娘牌苹果了。生活中，你是不是也曾有无限懊恼的时刻呢！与其抱怨，不如向约翰一样努力发现缺憾的反面吧，也许那是帮助你收获意外惊喜的力量。

婴儿从呱呱坠地开始到长大成人，似乎一直在被灌输要尽善尽美的观念。实际上，这样的教育无疑是片面的，最终也将会是失败的。我们只有努力接受客观存在的事实，真诚地拥抱那些无法改变的缺憾，带着欣赏的眼光去发现它们的美好，才能彻底扭转局面，柳暗花明又一村。

第05章

风雨中的每一种创伤，都是成长的养料

人生路上常有风雨，我们需要一个好的心态。再泥泞的路，只要不放弃，我们就能一直走下去，总会走到终点。再大的风雨，再重的担子，再不顺的生活，只要撑一撑，也就过去了。

感谢那个踹了你一脚的人

人活于世，我们都渴望一帆风顺、事事如意，而事实上，我们总是遇到各种大大小小的烦心事，这些事也总是折磨人心，让我们焦躁不安、不得安稳，然而，人的一生就是一个破茧成蝶、不断蜕变的过程，我们的身心只有在经过不断历练、折磨之后，才会变得更加坚强，生命的厚度才会因此拓宽。法国文豪罗曼·罗兰说：“从远处看，人生的不幸、折磨还是很有诗意的！一个人最怕庸庸碌碌地度过一生。”

同样，追逐梦想的过程中，我们也总会遇到一些绊住我们脚步的人，他们甚至还会在我们努力的时候踹我们一脚，此时，我们唯有放平心态、正视脚下的路，感谢他们，才能成为领悟成功的人。

曾经有这样一个故事：

一次，拿破仑骑马经过一片树林，却听到一阵紧急的求救声，于是，他赶紧挥起马鞭，朝着声音发出的地方奔去。

原来，声音来自于一片湖泊，他定睛一看，原来是有个士兵掉进了水里，正往深水当中漂流，距离岸边大约三十米。此时，岸边也有几个士兵，个个都心急如焚，却手足无措，因为他们谁也不会游泳，眼看，这个落水的士兵就要被冲走了。

拿破仑赶来问道："他会游泳吗？"

一个士兵回答说："会是会，可是好像已经没有体力了，刚才还喊过救命。"

拿破仑哼了一声："喔！"，随即从侍卫长手里取过一支手枪，并大声朝落水的人喊着："你还往当中爬什么，赶快游回来。再往前去，我就开枪把你毙了！"

说完，果然朝那人的前方开了两枪。落水的人也许是听到岸上的威胁话语，也许是听到前方子弹入水的响声，猛然地回转身来，努力扑通扑通地胡乱划着，居然很快就向岸边靠拢了。

落水的士兵得救了，同伴们都很高兴。这时方才发现，站在他们身边的竟是拿破仑。被救的小伙子惊魂未定，连忙拜谢拿破仑，并不解地问："陛下，我是不小心落到水里去的，快要淹死了，你还要枪毙我，这是为什么？你的子弹差一点就打中了我，真把我吓死啦！"拿破仑笑着说："傻瓜！不吓这一下，你才真的要淹死哩！你再往前漂去，越漂越远，你就再也回不来了。这是一个荒野深湖，周围没有居民。你看，这里几个人有谁能下水救你呀？你吓了一跳，不就回过头来自己救自己了吗？"

这位落水的士兵为什么能得救？是谁救了他？他自己还是拿破仑？从这个故事中，我们发现，有时候，那些我们恨得咬牙切齿、伤害我们的人，实际上正是我们应该感谢的人，是他们让我们懂得自救，激发我们努力、奋斗！

可以说，即使你是个人际关系再好的人，你也会有几个“敌人”，或许他们就是绊倒你的人，或许他们让你身负重债，让你背黑锅，让你活得不清闲。这时候你光是恨，永远无法从中学到该学的，也永远不会懂自己为何失败。事实上，从宏观或整个人生大格局的角度来看，你的这些仇人，也正是你的恩人。好好感谢他们吧！也许就是因为当初他们对推你下水，你今天才学会“游泳”。

事实上，自打我们来到人世，就会遇到很多的麻烦、痛苦或折磨，比如，年少时，我们要面临升学压力、工作压力、生活压力，稍后，我们还可能会面临失业、离婚、破产、疾病等，这些烦心事始终都萦绕在我们周围，困扰着我们的头脑和心灵，甚至让我们寝食难安。然而只有历经这些困难的人，才能够更快、更好地成长，生活，也只有在挫折中才能得到升华。因为如果你走的是一条平坦的大道，那么，你就失去了一个磨练自己心智的机会；而若你选择了坎坷的小路，你的青春也许会充满痛苦，但人生的真谛也许就此被你发现。

没有经历过风霜雨雪的花朵，无论如何也结不出丰硕的果实。或许我们习惯羡慕他人的成功，感叹他得到的掌声，但是别忘了，温室的花朵注定经受不住任何风雨，温室的花朵注定要失败。正所谓“台上十分钟，台下十年功”，在他们光荣的背后一定有汗水与泪水共同浇铸的艰辛。那么，从现在起，感谢那些过去的和现在的逆境吧，即使你正在经受着某些伤害，但正是这些伤害，教会了你独立，磨练了你的心智，激发了你的斗志!

命运负责洗牌，但玩牌的是你

关于挫折，一般来说，人们会有以下两种态度，要么是破罐子破摔，要么是从挫折中吸取教训并努力改正。很明显，第二种态度更有利于我们的成长。工作、生活中，我们难免会发生失误，面对问题，我们要的不是推卸责任、逃避或者一蹶不振等，而是应该保持清醒的头脑，找到问题的所在，吸取教训，主动承担，尽量做到不再犯同样的错误。

因此，要保持理智与清醒，正确看待问题，正确分析问题发生的原因，尤其是要主动地积极地检讨、反省自己，进而改正错误，使自己的工作重新回到正确的轨道上来。

事实上，无论是成就还是失误，都已成为过去。我们应对已经发生的事情保持理智与清醒，在成绩面前不盲目自大，在事故面前不怨天尤人，始终保持良好的心态做好正在做的事。

有人说，成功的首要关键，在于你一定得认识和了解自己，而这件事只有你自己才能完成，也只有自己才能解答的问题。谁能左右你的命运？谁能永久激励你？谁能保证你获得成功？答案是你自己，别人只能帮你而已！所以要获得成功，首先要先研究、了解自己，自己才是自己的最佳导师。保持理智与清醒，才能做到成绩面前不骄躁、挫折面前不气馁。

要做到保持理智与清醒，你就需要明白：

无论你是委屈还是无奈，没有人会理会，当一切已经成为事实的时候，你要学着接受，接受所有的不公平；

当你被人欺骗、无法推翻别人的言辞的时候，尝试着接受这些，全当是因为你太有价值了，成为了别人贬低的对象；

当有人背信弃义时，你的指责能改变它吗？不能！那么就接受吧！全当是一种教训。

当你有人在你背后对你说三道四的时候，你觉得自己的争辩有意义吗？如果没有，那就学会接受吧！全当是无聊者横飞乱吐的口沫在污染环境。

当你的爱人离你而去的时候，哭天喊地和苦苦哀求能让他回头吗？如果不能，那么就接受吧！接受这残酷的现实，生活就是这样有聚有散、有合有离。

痛苦、磨难、欺骗、中伤、爱与不爱都不过是一个过程，是拥有现在、拥有未来的一个过程而已，你期待的是明天会更加美好吧！不是吗？明天会更加美好吗？明天你会兑现你的承诺吗？只能默默地流泪，耐心地期待……明天会更加地美好！会的！明天，一定会更加美好的。

如果你冷静下来，你会发现，其实每一种创伤，都是一种成熟，活一天，就有一天的福气，就该珍惜。所以宁可自己去原谅别人，也莫让别人来原谅你。世界原本就不属于你，所以，不必把“世界抛弃了我”挂在嘴边。万物皆为我所用，但非我所属。他人可以攻击、诽谤我们，但是并不代表我们可以用同样的手段对待别人，我们一定要保有一颗完整的本性和一颗清净的心，这是一种善待他人的表现。人之所以痛苦，在于追求错误的东西，什么时候放下，什么时候就没有烦恼。与其说是别人让你痛苦，不如说是自己的修养不够。命运负责洗牌，但是玩牌的是我们自己！

接受事实，做出积极乐观的反应

人生道路上，总是会出现我们无法预料的因素，我们渴望成功，但结果并不一定如我们所想象，那么，我们在不能避免、不可改变的失败面前，最好的态度就是接受事实，做出积极乐观的反应。

然而，在面对困难和失利时，我们总是听到一些人不停地抱怨，不断地自责。这样一来，只会将自己的心境弄得越来越糟。这种对已经发生的无可弥补的事情不断抱怨和后悔的人，注定会活在迷离混沌的状态中，看不见前面一片明朗的人生。

事实上，我们的生命正因为挫折而精彩。因此，在挫折面前，我们必须要具备一定的承受挫折的能力，在既定事实面前，与其终日惴惴不安，还不如坦然接受，当然这需要我们历练一份坦荡的心境，只有这样，我们才能以豁达的胸怀来面对生活中的每一份酸甜苦辣，让原本平淡乏味的生活焕发出迷人的色彩。

莎士比亚说过："聪明的人永远不会坐在那里为自己的损失而哀叹。他们会用情感去寻找办法来弥补自己的损失。"美国著名文学家华盛顿·欧文曾有过这样一句名言："人世间的任何境遇都有其优点和乐趣，只要我们愿意接受现实。"这句话也是在说，无论发生了什么，我们首先要做的就是学会接受它，然后学会适应它，只有这样，我们才能以崭新的面貌走出困境。

有句话说得好，“不经历一番寒彻骨，怎得梅花扑鼻香”，一个人只有不断经历摔倒的苦痛，才能脱胎换骨。挫折，一个谁也不想遇到，但谁也无法避免的东西。所有的人都畏惧它的存在，这都是因为人们并没有真正理解挫折的本质。挫折本身是无罪的，可是人们却十分讨厌它。其实，正是挫折使我们的生活变得更加精彩，使我们获得成功。如果你未经历一次挫折就直接获得了成功，那么，你就不会去努力创新，等待你的将是两个极端：光辉的一生或一辈子的失败。而如果经过挫折才成功，你将会拥有最高的荣耀，你不会因为没有创新而被淘汰，也不会因失败而黑暗一辈子。

有位哲人说过：“假如上帝在你面前撂下了一座山，那么你绝不要在山脚下哭泣！翻过它就是了！”多么富有哲理的话呀！我们确实要用希望的力量来武装自己，勇敢地去翻越挡在自己面前的那一座座生活的高峰。所以，在生活中，无论遇到多么难办的事，我们都要保持积极乐观的心态，相信一切问题都会解决的。

总之，心态不仅体现一个人的智慧，更决定一个人的生活、命运和价值的取向，心态是我们成功的关键，生活中每一个成功者无不是心态的主人。良好的心态对于我们的成功具有决定性的作用，我们不管做什么，首先应该学会保持良好的心态。而一个人，只有学会承受失败，才能节省下精力去为成功创造条件。没有人能有足够的情感和精力，既抗拒不可避免的事实，又创造一个新生活，你我只能在其中选一个。

为难你的人才是成就你的人

每一个人都无一例外地想要听到别人赞美自己的话，然而，赞美虽然听起来好听，却有一个致命的缺点，即总是使听的人感到飘飘然，忘乎所以。实际上，这种赞美是可怕的，因为它会在不知不觉之中使你自我感觉良好，因而不思进取，逐渐走向退步。从某种意义上来说，能够促使你进步的不是赞美你的人，而是为难你的人。人们常爱说这样一句话，嫌货才是买货人。实际上，在现实生活和工作中，促使你进步的恰恰是你的敌人，或者是对你要求严格的人。众所周知，严师出高徒。虽然现代社会的教育提倡鼓励学生，然而，适当的严格要求还是必须的。假如一味地表扬学生，而不及时给学生指出其缺点和不足，那么，时间长了，就会使学生沾沾自喜，得意忘形，甚至因此而逐渐退步。与此相反，不管是在现实生活中，还是在来源于生活而高于生活的艺术作品中，大多数成功的人都有一个严格要求他的人，或者是父母，或者是老师。百炼才能成金，这是亘古不变的真理！

人们经常说，良药苦口利于病，忠言逆耳利于行。大多数好药都是非常苦的，然而，却能治病；绝大多数教人从善的语言都是不那么顺耳和动听的，然而，却有利于人们改正自身的很多缺点，弥补自己的不足之处。对于任何人而言，要想取得长足的进步，最重要的就是要虚心接受别人的批评，从而不断地提升自我的能力。对于一个人而言，有了过错并不可怕，重要的是要能及时改正，相比之下，可怕的是讳疾忌医，不肯接受别人的批评，从而导致小错最终酿成大错，甚至病入膏肓。尽管道理人人都懂，但是在实际的生活和工作中，还是有很多人没有办法接受别人的批评和指正，或者觉得丢面子，或者觉得自己是正确的。不管出于什么原因，一个不愿意倾听别人意见的人都是很难取得进步的。其实，不管对谁来说，能够得到智者的批评都是一件值得庆幸的事情。要知道，没有人喜欢批评别人，因为批评一个人是需要很大的勇气，冒很大的风险的。谁都知道“多栽花，少栽刺”的道理。通常情况下，人们都愿意听好话，而对批评意见心存抵触，甚至有些人会错误地对待批评的意见，把提批评意见的人当成自己不共戴天的仇人。因此，智者往往只对值得批评的人提出批评意见，而对于不值得批评的人，一定会三缄其口，宁愿保持沉默，也不愿意去提醒他。总而言之，我们一定要记住，用赞美使你飘飘然的人未必是你的真朋友，而为难你的人、勇于指出你的缺点和不足的人，也有可能是你真正的朋友。

记住，只有为难你的人才会直言不讳地为你指出缺点和不足，从而迫使你不断进步。因此，为难你的人才是成就你的人，在听到逆耳忠言的时候我们要对其表示感谢。

感谢对手，是他们让你愈砺愈强

在人生的路上，任何一次跌倒都不是无缘无故且毫无收获的，任何一次付出都不是无缘无故且毫无意义的，任何一次哭泣都不是无缘无故且绝无收获的。只要我们成为生活中的有心人，对于生活中的点滴小事请，我们都能有所感悟，有所收获。不仅是那些亲人朋友会给予我们爱，就算是对手和敌人，也同样会给予我们成长的机会。

现实生活中，我们最憎恨的莫过于敌人。的确，如今处于和平年代，每个人都不需要扛起枪去战场上打仗，但是这并不意味着我们的生活中没有敌人。我们很多时候对于“敌人”这个词语是很熟悉和了解的。在和敌人一争高下的过程中，我们越来越讨厌自己的敌人，但是反过来想一想，我们的敌人也必然非常讨厌和抗拒我们。不可否认的是，也正是因为敌人的存在，我们才不断督促自身变得成熟和坚强起来，最终成为生命的勇敢者，奋勇向前。

如果说朋友是我们人生的陪伴，那么敌人则说我们人生的激励。有的时候，朋友可以安抚我们受伤的心灵，但是敌人却更能激发出我们的力量，让我们发掘自身的潜能，做出惊人的成就。当我们的敌人足够强大，且足以威胁到我们的生存甚至是生命安危时，我们更是因为敌人的存在变得草木皆兵，一刻也不得安宁。从这个意义上而言，有敌人并非是坏事请，正所谓生于忧患，死于安乐。适当的威胁比安逸的环境更能让我们鼓起勇气，勇敢地面对人生，也突破自我，超越自我，成就自我。

如果一个人在生活中和工作中从来没有对手或者敌人，最大的可能不是因为他的能力很强，而是因为他已经走向堕落。回顾人生之路我们会发现，真正促使我们一路奔波不停奔向成功的，并非是物质上的激励，而是与敌人的竞争。在遭遇敌人的主动进攻时，我们无需惊慌，而是要努力发现自身的缺点和不足，从而才能最大限度提升和完善自己，使自己变得更加强大。所以感谢我们的敌人吧，是他们成就了今天的我们，也把我们推上这样的人生之路！

曾经的伤害不值一提

每一年，春去秋来，在腊月寒冬中，我们期待着春天的再次到来。人生一世，不可能永远都温暖如春，更多的时候，人生会如同一年四季一样交替更迭，让我们感受到生命的神奇。当然，有的时候我们会更顺遂，能够看到人生的花开花落；有的时候我们也会陷入困顿，导致我们犹如困兽在笼，不知道如何才能冲破人生的囚牢。然而，不管人生充满艰难坎坷还是顺遂如意，我们的人生都只能向前，向前，再向前。也许我们的人生之路从来不是平坦的，哪怕是高山深海，我们也只能一路向前，遇山开山，遇海就渡海。

很多时候，人生之中的伤痛甚至是致命的，让我们误以为自己无法熬过这黑暗而又艰难的岁月。然而，伤痛归根结底只是一种痛苦，所以只要我们咬紧牙关，努力坚持，我们就一定能够挺过来，从而获得人生宝贵的财富。在此过程中，我们原本稚嫩的心灵变得越来越坚强勇敢，我们的心志在人生的磨砺中变得无坚不摧。因而年轻的朋友们，不要在因为命运多舛而充满抱怨，任何时候，我们都要感谢那些曾经伤害我们的人，正是因为他们的存在，正是因为他们的伤害，我们才成为今天无所不能的自己。也正因为身处逆境，我们不得不面对，最终才发现自己原来具有这么强大的力量。

那些曾经伤害我们的人，不管是有心还是无意，都使我们陷入困境，都使我们在人生的路上虽然遭遇风雨泥泞，却从来不轻言放弃。的确，人生就是如此，充满了坎坷和挫折，也使我们饱经磨难。我们唯有拥有深沉的心，才能拒绝肤浅；我们唯有经历过欺骗，才最大限度变得聪明起来，不再盲目轻信；我们也正是因为经历过一切艰难坎坷，才感恩生命。可以说，一个没有受过伤害的人，是没有免疫力的，也是无法成功摆脱自己的心魔，突破和超越自我的。

对于任何一个人而言，身体的逐渐强壮，并不代表自身的真正成熟。因为一个人成熟的标志是心智的成熟，而并非身体的强壮。纵观古今中外，每一个能够成就大事的人，无一不是成熟稳重的人，他们心思坚定，处事果决，而且从来不会因为犹豫不决错失良机。但是，这样的能力并非天生就能有的，而是需要经历不断的磨炼。就像老鹰为了训练小鹰搏击长空的能力，不惜把小鹰推下高高的山崖一样，我们要想获得成长，对于自己也要有这样的决心和勇气。唯有如此，我们才能让自己在风雨泥泞中越来越坚强，也才能最终成为人生的强者，在人生之中实现自己的目标，拥有属于自己的充实和精彩人生。

感恩伤害，会帮助我们拥有一颗宽容的心。很多时候，我们因为他人无心的伤害或者故意的伤害，始终活在仇恨里。虽然君子报仇十年不晚，但是我们又多花费了十年的时间去憎恨一个人，这又何尝不是对我们自身的折磨呢！真正明智的朋友，不会因为他人的伤害而长期记恨他人，更不会用别人的错误永远惩罚自己。他们会忘记仇恨，也放下对他人的执念，从而坦然面对生活，迎接崭新的未来，也如愿以偿地获得幸福快乐。这样的人生，才是了无遗憾的人生，这样的选择，才是真正明智的选择。所以朋友们，无论我们曾经经历过什么，我们都不能忘却对生活的初心，更不能因为别人的错误就无休止地惩罚自己，把自己囚禁在心的牢笼中，从不放了自己。唯有让心自由自在，满怀真诚与爱，我们的人生才会与幸福快乐相伴随！

第06章
真正的金子，永远不怕被埋没

俗话说："只要是金子，在哪里都能发光。"意思是只要有能力，在哪里都能被人赏识。生活中，我们可能会怀才不遇，其实这只是暂时的窘境而已，只要平日里勤于耕耘，真正的金子永远不会被埋没。

飞过人间的无常，你才是宝藏

俗话说：金无足赤，人无完人。能否接纳自己的缺陷是衡量一个人心理状况是否积极和健康的一项重要指标。生活中，很多人因为自己的一些缺点而感到自卑，甚至一蹶不振。但你们没发现，如果一个人足够自信的话，这些缺点也是美的。因此，无论何时，我们都要学会对自己微笑，肯定自己，才能放松心情。

肖肖是山东大学管理学院电子商务专业的学生，他在大三时被保送到北大攻读管理科学与工程专业的管科方向专业。然而他大一时学的是机械专业，大二转入电子商务时在班级绩点排13名，大三保研时排第3名，大二下半学期曾到厦门大学管理学院交流学习半年。大学期间没有论文发表，英语过六级，计算机过四级。

当记者问及他被录取的原因时，肖肖说："和其他同学相比，我不是班级第一，没有论文发表，也没有在什么竞赛中获奖。我觉得我能被录取的主要原因是自信。相信自己，别人也会相信你的，这是我最想说的。"

从肖肖的这段话中，我们可以看出自信在一个人成才过程中的重要性。的确，我们每个人都应该相信自己，把自己当成一块宝石，人如果紧紧盯着自己的缺点的话，那么，这将会成为我们愉快生活的最大障碍。减小自己的心理负荷，抛开一切得失成败，我们才会获得一份超然和自在，才能享受幸福、成功的人生。

成功最需要具备的一个要素就是智慧，然而，智慧从何处来？智慧的来源大致有以下三个方面：一是你的知识，二是你的经验，三是自我反省。但无论如何，有智慧的人总是高情商的，而自信就是高情商的表现之一，他们总是能充满自信，这也是很多成功者的特质。

自信是成功的前提,自信就是绝对地相信自己。而在现实生活中，如果你让别人来指出你的缺点，相信你会得到很多不足；而让别人来指出你的优点，相信你也会得到很多赞扬。而如果我们能运用正确的思维方式，不完全相信听到的看到的一切，也不要因为他人的指责，鄙视而轻视自己，产生自卑感，或许就能坚持自己的主见。

即使你满身缺点，你还有可以引以为豪的优点，这些优点一样可以让你自信。那些外在的缺陷你不能改变的时候，真不要悲伤，也不要失望，而应该庆幸，那些成功的人并非是完人，只是因为他们能依然微笑地面对。为此，你需要做到：

1.发挥自己的长处

人的心里都“住”着两种心态，一种是自信，一种是自卑，人们总是在战胜自卑、建立自信的过程中成长的。人无完人，但每个人都有着自己的长处，你在做事的时候，一定要注意发挥自己的长处，回避自己的短处。如果你总是做不适应你的事情，老拿你的短处与别人的长处比，那你会很容易产生自卑感，挫伤自己的信心。

2.积极暗示

你要知道，环境不能真正激励你自己、别人不能真正激励你自己；只有你自己才能找到你真正的需要和追求。如果你想让自己的生命精彩，如果你不想虚度此生，那么请唤醒你自己吧！

3.以绝对的自信感染他人

我们的情绪经常会被周围的人和事所牵引，比如，别人给予赞美，我们就信心倍增；而别人一句否定的话，则会让我们自卑。而这，就表明，你并未做到真正地相信自己，真正相信自己的人，会以强大的精神力量影响别人，获得信任，而绝不是被影响。因此，不管任何时候，都要在心中呐喊对你最重要的那句话：“我一定行”。

实际上，没有人是毫无缺点的，只是在我们的内心，这个缺点的份额存在大小问题，如果我们将缺点无限制放大，那么，它将会腐蚀我们的心，阻碍我们成功；而如果我们能正视缺点，并在心里把缺点限制在一定的范围内，它就会成为我们努力和奋斗的催化剂，助我们成功。你要随时告诉自己：我是自信的，我是美丽的，我有实力，我的专业能力是最棒的！你必须有自信心，对认准的目标有大无畏的气概，怀着必胜的决心，主动积极地争取！

撑不住的时候，记得抱抱自己

每个人都渴望获得成功，因为他们希望实现自身的价值，得到他人的认可。这样的渴望原本无可厚非，但是有些人因为过于追求成功，因为对成功过分地渴望，居然处处否定自己，甚至瞧不起自己，这样就未免舍本逐末了。任何时候，我们都要自信，都要坚定不移地相信自己能够获得成功，不能谦虚过头，对自己小的进步和成就丝毫不放在心上。现代社会，大多数人都懂得要鼓励孩子，激励孩子，多多表扬孩子，甚至对于同事朋友，也都采取表扬和鼓励为主，批评为辅的方式。唯独对自己太过苛刻，即便有了小小的成就，也丝毫不放在心上，最终让自己灰心丧气，甚至失去对未来生活的渴望和信念。实际上，我们自身也是需要激励的。我们唯有记住自己一点一滴的成功，该表扬的时候慷慨表扬自己，才能让自己也如同孩子般心情欢愉，甚至欢欣雀跃。这是对于生命的态度，也是我们对自己的态度。

对于成功，每个人都有不同的定义。有些人觉得成功一定要是功成名就，有些人觉得成功就是偶尔得到一次认可，还有人觉得能给孩子做出一顿美餐就是成功，也有人觉得减肥有效就是成功……总而言之，成功并非都是辉煌灿烂的。因而我们在追求成功的路上，总会有坎坷，有挫折，但是也不要忘记看到的那些美好和希望。有些人把自己成功的目标定得太高，终其一生都无法让自己感到满意。其实，这就像跑马拉松，如果把目标定在遥远的远方，很可能不到半途就会心力憔悴，失去希望。曾经有一名日本选手在两次马拉松比赛中都获得冠军，他成功的秘诀就是把漫长的跑道以熟悉的坐标分成若干个小的目标，从而一个又一个地奔向小目标，让自己获得成功的小小喜悦，继续带着梦想和希望往前奔跑。这些成功的小小喜悦，让我们不断受到激励，也持续努力和奋斗，从而才有可能获得最终的成功。否则，如果在成功的漫长过程中，等待着我们的总是那些小失败和小挫折，甚至是否定，我们又如何会有勇气不停地往前冲呢！

没有任何人的成功是一蹴而就的，人生的进步就像是台阶，必须一步一步地往上爬，才能循序渐进地获得成功。每一次小小成功的喜悦，都将激励着我们朝着更大的目标奋进。唯有如此，人生才会永远充满动力，才能继续坚持不懈。

每个人都需要激励，我们自己也是如此。所谓宽以待人，严于律己，并不应该体现在激励自己这一方面。在激励自己时，我们也应该慷慨大方，这样才能让自己斗志昂扬，永不放弃。

走出心灵藩篱，拥抱畅意人生

如果以形象的比喻来形容心灵，则每个人的心灵都像是用篱笆圈起来的院子，有着自己的边界。现实生活中，我们常常看到他人家里的院子就像五颜六色的花园，春光明媚，一片静好，而且非常开阔，无边无界，似乎可以纵横驰骋。相比之下，有些人家的院子则很局促逼仄，花盆里养着瘦弱的花朵，似乎风一吹就会凋零，别说是纵横驰骋了，即便是转个身都稍显困难。这样两种截然不同的花园，你想要哪一个？答案当然是前者。那么对于心中的院子呢，你又想要哪一个？尽管大多数人给出的答案依然是前者，但是真正能够打破心灵的囚牢，让人生纵横驰骋的人，却少之又少，堪称凤毛麟角。大多数人的心灵都是很狭隘的，在大是大非之前，在鸡毛蒜皮的小事面前，很少有人能够真正做到心中毫无藩篱，始终一片开阔。

实际上，很多时候束缚我们的并非客观世界，而是我们内心的藩篱。一个人要想畅享人生，首先应该突破自身心理上的界限，这样才能更好地面对人生，也积极地拥抱未来。常言道，解铃还须系铃人，任何问题要想得到解决，必须找到最根本的原因，才能得以彻底解决。也有人经常说，心病还需心药医，更是说明了我们对待人生不能一味地想当然，而要跳脱出内心的局限，才能彻底摆脱心的囚牢。

现代社会，每个人都承受着巨大的压力。生活节奏越来越快，工作压力越来越大，每个人都不得不打起精神来才能应付生活。这样的紧迫感不仅严重影响到成人的生活，很多孩子也因为父母望子成龙、望女成凤的心理，而压力倍增，小小年纪就不得不在各种各样的补习班中疲于奔波，再也找不回无忧无虑的童年。可以说，整个社会中大部分人都面对着画地为牢的局面，而且是在心中画地为牢，比现实生活中有形的囚牢更加可怕。在这种情况下，我们唯有主动拆除心中的藩篱，才能彻底使自己得到解脱，也才能拥有畅意的人生。

作为一名推销员，本杰明的人生可谓大起大落。从小，他就生活在单亲家庭，和母亲相依为命，因为生活困窘，他总是难以走出人生的阴影。长大成人之后，他也依然面对这样局促的生活，根本不知道如何做才能使自己变得充满信心和勇气。

幸运的是，本杰明在学习方面很有天赋，他尽管出生于贫民窟，但是却始终奋发向上，努力勤奋，最终毕业于一所不错的大学。对于儿子的现状，母亲也感到非常欣慰，总觉得有出息的儿子总有一天会给她带来荣耀，使她扬眉吐气。然而毕业之后，本杰明找工作的过程并不顺利，历经周折，他也没有如愿以偿进入自己心仪已久的大公司，而是进了一家小工厂当了一名推销员。这恰如他一直以来的身世和境遇，让他觉得很自卑。

有段时间，老总派本杰明去外地推销产品，本杰明在刚刚踏上出差的旅程时，心中就非常忐忑，总觉得人们一定会质疑他们的品牌，也会排斥他们的产品。为此，他心中不停地打鼓。当面对强势的客户非要压低他们的价格时，本杰明几乎不假思索、迫不及待地答应了客户的苛刻要求，甚至还很感激客户愿意信任他们，接受他们的产品。就这样，尽管他签约了好几个单子，但是都几乎没有利润。当看到本杰明拿回来的订单时，老总毫不客气地说："你这样的订单，有还不如没有呢！其实，只要我们的产品质量过硬，客户根本不会计较我们是大厂的产品还是小厂的产品。你的订单价格之所以都被压得这么低，归根结底在于你心中缺乏底气，因而在客户还没有提出条件时就已经怯了。如此一来，你怎么可能签下优质的订单呢！假如你始终这样无法打破心中的囚牢，你还是换工作吧，我觉得你也许并不适合做销售工作。”老总的话给本杰明敲响了警钟，意识到是他自己的胆怯，导致公司的利润被无限挤压。

再次面对客户时，本杰明打定主意绝不退让。当客户以他们是小厂为借口与他们砍价，他毫不犹豫地说：“正因为我们是小厂，没有品牌效应给我们加分，所以我们更加注重提高产品的质量，使得质量过关过硬，才能得到你们的认可和接纳。尤其是我们的工人，不管寒冬酷暑都尽职尽责，从而保证产品质量稳定，不让客户失望。况且，我们的价格本来就是诚心价，一点儿也不高，是真心诚意想要成交的。我希望你们还是能够慎重考虑，也相信你们慧眼识珠，一定能够看出我们产品的质量多么好！”本杰明尽管是心中打着鼓说出了这番话，但是的确起到了让他意外的效果。客户们不再刻意压低价格，而是痛快地与他成交。从此之后，本杰明怀着一颗自信的心，在销售的道路上越走越远，也越走越好。

事例中的本杰明，之所以第一次推销时被客户压低价格，导致公司几乎没有利润可言，就是因为他对自己的产品缺乏自信，因而心中忐忑不安，最终被客户抓住弱点，挤压价格。幸好，老板看透了本杰明的心思，也一针见血地为他指出了问题的所在，所以他才能够在再次面对客户时改变策略，主动拆除心中的囚牢，从而自信地面对客户，最终博得了客户的信任和认可。

其实，生活中有很多人之所以失败，并非因为自身的条件不足，或者是外界的环境不好，而只是因为他们心中有着自建的囚牢，因而总是自我牵绊，导致自己根本放不开，也无法做到充满自信。还有些人不管面对什么事情，都很忐忑，总觉得自己能力不足，水平有限，什么事情也做不好。这样的人，也是不可能成功得到人生馈赠的。任何时候，我们都不应该给自己设置限制，唯有敞开心胸接纳生活，迎接命运的挑战，也不遗余力地实现自己的梦想，我们才能打破常规，实现人生的飞跃。

从本质上来说，思维是无形的，也是非常灵动的。每个人只有让自己的思维保持活跃，才能不断地打破常规，突破自我。相反，如果一个人总是被那些先入为主的观念限制，自己对自己也缺乏信心和勇气，那么最终就会被条条框框限制住，导致人生变得毫无创新可言，永远一成不变，这样的人生显然是可悲的。

朋友们，让我们打开思路，给思维一条生路吧。无拘无束的思维能够生出翅膀，带着我们飞到天涯海角，也会帮助我们获得人生至高无上的辉煌。

坚持自己的选择，相信自己的坚持

每个人都像一块棱角分明的石头，想要改变这个世界，让世界的角度符合我们自身的棱角。遗憾的是，世界的存在是不以人的意志为转移的，没有任何人有力量改变这个世界。这样一来，我们如何在这个世界中更好地生存，如何发挥自己的能力让自己生活得更好，就成为我们必须面对的问题。当然，我们生活的环境远远不止客观存在的世界那么简单，人是群居动物，作为现代社会的人，我们更要融入现代社会，才能为自己赢得最大限度的发展，从而赢得人生的进步。

从各种影视剧中，包括从我们身边的人和事情里，我们总能看到有人为了迎合这个世界，毫无原则和底线地改变自我。的确，我们不是完美的，我们存在很多缺点和瑕疵，我们也因此被他人指责。面对他人的不满，我们是选择坚持自我，还是选择改变自己以迎合他人呢？对于这个问题，也许有些朋友觉得很难做出选择。但是现实情况却是，我们即便再怎么改变，也无法得到所有人的肯定和认可，更无法让自己真正变得十全十美。既然无论我们如何委屈自己，都无法得到所有人的满意，都依然会受到他人的指责和抱怨，我们又有何必要改变自己呢？不改变自己，我们至少坚持自我，活出了真正属于自己的真实和精彩。所以聪明的朋友对于这个问题一定能够给出明智的回答。

现实生活中，很多朋友对于自己并不满意，他们或者觉得自己不够聪明，或者为自己天生就存在的缺陷感到遗憾。但是，我们必须知道，在这个世界上，任何人都想拥有健全的身体和健康的心灵。很多时候，我们的确不那么完美，但是这并不意味着是我们的错。我们就算存在严重的缺陷，也无需因此感到自卑。命运总是公平的，它在关掉我们的门时，总会为我们打开一扇窗。我们唯有保持积极乐观的心态，充满希望地面对人生，才能打开人生的窗户，从而为自己赢得新的生机和机会。

在这个世界上，真正的善良一定是尊重他人，而真正的邪恶，则总是想要主宰他人的生命。因而朋友们，无论我们的身份是高贵还是卑贱，也无论我们的地位是高还是低，任何时候，我们都要尊重自己，也尊重他人。唯有保持人性的真实与自然，我们才能更加贴近生命，最终找到人生的意义和真谛。因此，无论外界的人如何评价和判断我们，我们都应该坚持本心。否则，一旦我们屈服，我们的人生就会就此沉沦下去，我们也会真正在他人面前低人一等。

每个人都想要成为勇敢的人，殊不知，真正的勇敢并非体格上的健壮，而是精神上的强大。我们不但要有力量，更要充满希望。记住，我们的人生只属于我们自己，而且我们是我们生命唯一的主宰。我们不应该活在他人的眼睛和嘴巴里，我们更无需讨好任何人，特别是那些对我们心怀恶意的人。正如人们常说的，道不同不相为谋。对于那些与我们心意不相通的人，我们根本无需在乎他们的看法和想法。要知道，我们的人生由我们自己做主。拥有成功的人生，我们就会更加引人羡慕。在人生的路上遭遇失败，我们只能默默承受，勇敢面对。正如但丁所说的，走自己的路，让别人说去吧！的确，既然不管我们做得是好还是坏，他人都是注定要说的，那么我们何不任由他人去说呢！因为即使我们改变了，也无法让他们闭嘴。

每个人从人生的路上走过，都曾经有过一段激情燃烧的岁月。然而，哪怕我们的激情渐渐退去，人生沉淀之后变得安稳，我们也依然需要对生活满怀热情。对于生活的困顿，很多人都觉得难以接受，甚至始终想方设法地与其对抗。殊不知，解决困顿的方法并非一朝一夕就想出来的，我们完全可以改变思路，与困顿和平共处。任何时候，生活都不会一帆风顺，但是我们却必须满怀希望和憧憬地继续行走人生之路。所谓存在即合理，在这个世界上，我们要接受和享受那些美好，也要接受和拥抱那些烦恼忧愁。唯有如此，我们才能勇敢面对人生，迎接未来，点燃希望。

人生选择比改变更重要

生活需要热情，那种平淡无味、死气沉沉的生活给人一种衰亡的感觉。上班族中很多人都是两点一线，朝九晚五，重复着简单无聊的日子。等到有一天突然回头，你会发现自己已过而立之年，却依旧碌碌无为，只懂得生存，不知道何为快乐。这样的人未免被渲染得太过可悲，但很多人的确是用完了一生，也没完成生存向生活的转变。这个过程不可谓不漫长，期间的酸甜苦辣，不用深究，其味道已浸染他的四周。

每一天清晨的霞光下，在一个个忙碌的身影中，有你，有我。一天如此，一年如此，一生都会如此。谁对生活更拥有热情，更懂得品味和享受，无疑，谁就很容易寻找到快乐的足迹。

生活中需要热情，快乐更是由丰富的个性点燃的。当你对生活全身心投入的时候，那份专注的热情都会持久地温暖你的心，使你拥有燃烧着的快乐和付出后的满足。

在台湾著名艺人杨林的眼里，石头是这样的："石头说自己的话，唱自己的歌；它生气时只有自己知道，兴奋时非常低调，做梦时不让你知道。"正是这种对待生活积极热情的态度，造就了一个不同于传统观念的艺人。

杨林宣布挥别演艺转行画画的时候，曾引起了一阵哗然，很多人都对她的“挥别”与“转行”感到不可思议。不过，杨林却平静地向大家说道：“我只是选择一个让自己灵魂快乐起来、简单自在的工作罢了。”她坚信，对生活、对画画保有热情，所得到的快乐远比名誉和金钱要多得多。

但她的经纪人不死心，多次上门来说服她：“你看啊，随便拍个广告，15分钟就可以赚10万元，你干吗不拍啊？”也被杨林坚决地一口回绝了，她继而依旧执着地以画画为生，曾以“撒旦”来形容这种赚钱的快乐与奇妙。

在某次画展结束的时候，杨林微笑着对人说道：一张画，少则要画个把月，多则要画两三个月，最后顶多也就卖个几万元台币，相比起来拍广告来是有些少了；可是呢，如果接拍广告的话，不但要老早从床上爬起来梳头、化妆，打扮，还要一个劲儿地对着大家露出牙齿来强装着微笑，虽然转眼就有10万元的台币了，可以肆无忌惮地去买名牌、吃美食，然后骗自己说这样活着其实还不错……但实际上，精神上的空虚，又有谁能够看得到呢？

后来，杨林把自己的轿车卖掉了，而且还表示说，如果未来求学的经费不够了，就连房子也会卖掉的。她说：“我很快乐，快乐就是做自己想做的事情。”

只有金钱才能缔造快乐，这是很多人根深蒂固的观念。对于那些重视物欲享受的人来说，杨林是个不折不扣的傻子，然而这却是一个真真正正会享受快乐的“傻子”，是一个让自己的精神归属快乐的人。她深深地懂得，在短若朝露的人生岁月里，只有把真实的自我释放出来，才不会白白地、惨惨地辜负自己。

热情是快乐的秘方，是成功的催化剂。黑格尔有句名言：“我们可以肯定地说，世界上的伟大事物都是靠热情来成就的。”一个精神萎靡不振的人绝对不会成为成功的人；一个怨天尤人的人也绝对不会获得快乐的体验。

“问渠哪得清如许？唯有源头活水来。”如果你是一潭死水，就只能等着变臭、腐烂、干涸；如果你是一潭充满热情的活水，你就拥有了日新月异的动力，你就有了热情四射的活力，那时，你对快乐的理解和体验将获得前所未有的升华。

第07章

希望永远会光顾乐观者

哲人说："快乐的人，在黑夜中也会绽放笑容；凄苦的人，即使睡着了，梦中也会滴泪。"乐观是一种态度，面对失败，乐观者总会觉得一切是可以改变的，这样他们就可以转败为胜，获得成功。

乐天知命，是一份安详自在

所罗门曾说：“乐观的心态，就是最强劲的兴奋剂。”的确，乐观总是能让我们看到事物积极的一面。青少年朋友们，也许你的身上曾发生过这样一些事：早上起来，打翻了早餐；挤不上公交车、丢了钱财，悲观的人或许会为此懊恼一整天，认为老天对自己不公平，结果心里十分不开心，在生活和学习中带着这种郁闷的情绪，这对自己有什么好处呢？反过来，把这些不顺心当作生活中的一部分调料，乐观地看待，你或许会有另外一番心情。抱着这样的态度，看待生活，还会有什么不开心的事，还会有什么烦恼呢？

然而，在面对困难和失利时，我们总是听到一些人不停地抱怨，不断地自责。这样一来，将自己的心境弄得越来越糟。这种对已经发生的无可弥补的事情不断抱怨和后悔的人，注定会活在迷离混沌的状态中，看不见前面一片明朗的人生。

曾经有一对漂亮的孪生姐妹，姐姐叫凯蒂，妹妹叫伊娃。在她们十岁那年，她们遇到了一场火灾，所幸消防员从废墟里扒出了她们姐妹俩，她们是那场火灾中仅幸存下来的两个人。

醒来后，姐妹俩早已面目全非。妹妹伊娃无法接受眼前的现实，无法活下去的念头从她的思想走进了她的潜意识，她总是自暴自弃地重复着一句话：“与其这样还不如死了算了。”于是，最终，偷偷服了50片安眠药，离开了人世。

妹妹的离去让凯蒂十分痛苦，但她仍然一次次地暗示自己：“我生命的价值比谁都高贵。”后来，她被一家快递公司聘为快递员。

一天，凯蒂和同事一起将一批快件送往加利福尼亚州。天空下着雨，路很滑，车子开得很慢。此时，她发现不远处的一座桥上站着一个人。她赶紧让同事紧急刹车，汽车滑进了路边的一条小水沟里。她还没有靠近那个年轻人的时候，年轻人已经跳进了河里。年轻人被她和同事救起后还连续跳了三次，最后一次她自己差点被大水吞没。

后来凯蒂才知道，她和同事救的是位亿万富翁。亿万富翁感激她给了他第二次生命，便聘请凯蒂到自己的公司工作，后来，二人还擦出了爱情的火花，顺利步入婚姻殿堂，几年后医术发达了，凯蒂也医好了自己的面容。

一对孪生姐妹，为什么命运如此不同？因为他们的心态不同。面对毁容，妹妹伊娃无法接受，选择自杀结束了自己的生命，而凯蒂却始终告诫自己，自己的生命价值比谁都高贵，她努力活了下来，后来，一次偶然的机缘也改变了她的命运。

《周易·系辞上》：“乐天知命，故不忧。”当你怀着乐观、积极的心态，秉承着“知己为天所命，非虚生也”的信念，用豁达的心胸来面对人生中的悲欢离合时，你就会发现，人生并没有那么可怕，没有什么过不去的坎，也没有忍受不了的。在人生的旅途中，做好自己，认真对待每一天，即使失去了也不要沮丧，即便是获得了也不要太兴奋。不管我们愿不愿意，时间会悄悄地带走一切，我们在这个过程中会有获得的欢乐，也会有失去的痛苦，更有平淡的无奈。尽管身心疲惫，即使步履匆匆，也要乐观地向前看，虽然并不知道前面是不是自己的理想之地，但你却可以对自己说“无怨无悔”。

大学毕业后，他只身带着单薄的行李南下，来到繁华的沿海地区谋生。刚开始的时候，因为自己要求太高，他处处碰壁，找不到工作，生活费也所剩无几了。后来，他放低了自己的要求，委身在一家IT企业做一个普通的文员，一个月拿着微薄的薪水，勉强能够养活自己。朋友打电话会为他惋惜：“这么优秀的人才，甘愿做一个文员，这简直是大材小用。”他笑了，没有做任何的回答。

每天做很简单、枯燥的工作，他都能从中得出自己的快乐，而且他好学，遇到什么不懂的问题都会向同事请教。时间长了，老板欣赏他的踏实与认真，晋升他为秘书。之后，经过不断地升职，他已经在企业有了响当当的名字，这时他毅然放弃了高薪职位，拿着多年的积蓄，开了一家小公司。同事都觉得他很愚笨，只有老板对着他远去的背影，竖起了大拇指。小公司在他的努力经营下，一天天成长，他成了远近闻名的大老板。每次回家探亲，亲戚都忍不住对其大加称赞，他只不过笑着说："我只是做小本生意，没有你们想象得那么优秀。"说完，就走开了。

在那年的金融海啸中，他的公司也遭遇了很大的冲击。得知消息的时候，他还在家里，父母担心地看着他。他很安静，反而安慰父母："没事，当年我也是一无所有，现在不过是时间的问题而已。"他赶到了公司，把剩下的资金散发给员工，解散了公司，幸好因为经营有方，即便出现了这样的灾难，但公司居然不用举借外债。他带着行囊回到了父母身边，和父母一起开了家小饭馆，偶尔打打小牌，种点花草，养点小动物，日子很惬意，一点都看不出他曾经风光的痕迹。

佛曰："一花一世界，一草一天堂，一叶一如来，一砂一极乐，一方一净土，一笑一尘缘，一念一清静。"人生道路上有鲜花、有掌声，有多少人能等闲视之；人生路上也有坎坷泥泞、有满地荆棘，又有多少人能以平常心视之。人生最大的财富，就是耐得住平淡，经得起悲欢。“荣辱不惊，闲看庭前花开花落；去留无意，漫随天外云卷云舒。”荣辱不惊，乐天知命，那就是一份安详自在，更是一份在忍耐中所赢得的博弈。

总之，人生道路上，总是会出现我们无法预料的因素，在失败、痛苦、苦难、挫折面前，最好的态度就是认清事实，做出积极乐观的反应。

拥抱痛苦，一样可以幸福

人生来拒绝痛苦和磨难，但谁又可以真正不经受痛苦呢？有时我们甚至还要自找一些痛苦来折磨自己。有谁在练琴中没有受到过折磨？那咿咿呀呀的难听的声音，那一遍遍无聊的重复，都让我们的耳朵，手和心灵备受折磨，可还是有越来越多的人加入到练琴的行列中来。小时候，我们为练习写字牺牲了很多玩耍的时间，那时，窗外自由自在的小鸟，对于我们也是一种难以忍受的折磨。但我们还是义无反顾地一日一日地练了下去，甚至直到成年还有人为自己当年没有好好学习而后悔。

学习是快乐的吗？对于我们中的大多数人来说，不是，尤其是那些我们不感兴趣的科目。但我们都有理智，因而逼迫自己热爱学习。因为我们知道，尽管它是痛苦的，但它有用，我们必须热爱它。也许，在日复一日的痛苦中，我们终能体会到折磨的快乐。当我们能够完整地弹奏一首曲子时，当我们的字终于练得龙飞凤舞时，当我们能够随着音乐翩翩起舞时，那种心满意足的喜悦，是无可比拟的，自己连日来受到的痛苦、折磨、委屈都烟消云散了，辛苦、劳累终于都有了价值。所以，拥抱痛苦，同样可以让我们感觉幸福，我们甚至可以主动地享受痛苦。

著名的鉴真大师，八次渡海，才到达日本，历经了海上的风浪危险，他的一双眼睛失明了。日本大昭寺中，受万人敬仰的鉴真大师，不是平白无故就得到世人的敬重的。日本人的傲慢，世人皆知，他们肯对一个平凡的中国人膜拜，不是没有原因的。因为他历经磨难把中国先进的佛法和建筑文化带到了日本，因为他是坚强意志和善良本性的化身。

人人都知道“生于忧患，死于安乐”这句话，一个国家常常因为安乐而走向灭亡，人生也常常因为安于快乐而不思进取，走向失败；在忧患中，我们需要不断反省自己，获得进步，取得成功。所以，人生要有忧患意识，事实上我们每个人都有一定的忧患意识，恐怕自己遭到社会的淘汰，不断学习时尚；唯恐自己遭到公司的淘汰，不断进修；恐怕青春老去，因此不断地进修某些美丽课程。每个人担忧的都不一样，遭到的痛苦也是不一样的。

但有一点却是相同的，那就是我们把精力放在了哪里，收获就在哪里。

既然痛苦无法避免，我们就要学会在痛苦中寻找幸福。音乐家贝多芬拥抱了失聪的痛苦，却在内心的宁静中，扼住了命运的咽喉，我们可以想象到他的晚年是痛苦中掺杂着愉悦的，这是被动地承受折磨。梵高割掉了自己的耳朵，却在这样的痛苦中，收获到了更卓越的人生。我们不会用自残身躯来折磨自己，却能够不断的用忧患的意识，折磨自己，获得幸福。

境随心转，痛苦本身不是问题，如何对待它，才是最大的问题。有时拥抱痛苦，一样可以幸福。人生不如意十之八九，我们如果总从消极的一面去看待生活，就会陷入无边的折磨。而如果以一颗乐观的心来对待生活，即使遭遇什么样的磨难，我们也同样可以幸福。

哭着度过一天，不如笑着面对磨难

悲观的人看到的都是萧索之景，乐观的人即使在萧索之景中，也能看到壮观和肃穆，也能看到力量的雄壮之美。有的人常常抱怨命运不公，带给自己的都是厄运，都是诸多的不如意，还有些人抱怨自己时运不济，总是缺衣少食，因而贫穷与灾祸也总是接踵而至。或许还有人会说，看看那些天生的富二代、官二代，从一出生就含着金汤勺，因而从不为衣食住行发愁，几乎所有奢侈的愿望都能得到满足，他们的人生也似乎习惯了顺遂。其实，真正的乐观是发自内心的生活态度，与贫穷和富有是没有必然联系的。假如乐观不是发自内心，只是由金钱权势堆砌起来的，那就不是真正的乐观，而是虚伪的，也是经不起任何推敲的。很多时候，在逆境中的乐观，才表现出一个人发自内心的豁达和对命运的宽容。陶渊明隐居深山，却从不以为苦，而是告诉世人“采菊东篱下，悠然见南山”的美妙情境，惹得很多人都羡慕他的悠闲洒脱。悲观的人呢，也许只会慨叹自己命运多舛，报复得不到施展吧！

乐观，是一种心境，也是人生之中独特的风景。只有乐观的人，才能在苦难横行的人生之中，看到更多的美妙景色。乐观也是一种情商高的表现，因为乐观的人背负着生命的沉重，却始终满怀希望，对待人生。既然接受磨难是人生的必然，我们与其哭着度过一天，不如笑着面对磨难。也许，在我们的坚强面前，厄运的魔爪也会悄然退缩呢！

曾经担任美国总统的罗斯福，是一个非常坚强乐观的人。他是美国历史上唯一一个连任四届的总统，也是唯一一位以残疾之躯带领美国人民走过各种艰难坎坷的总统。关于罗斯福，有很多的奇闻异事，这些都是和乐观有关的。

有一次，罗斯福家里遭到窃贼光顾，丢失了很多贵重的东西。朋友们得知消息后，纷纷赶来安慰罗斯福，有个朋友还特意写信给罗斯福，表示自己的关切之意。罗斯福看完朋友的信后，马上提笔回信："亲爱的朋友，感谢你如此惦念和牵挂我。我很好，我感谢上帝的眷顾，首先，盗贼只偷走了我的东西，而没有伤害我的生命；其次，盗贼只偷走了我的部分财产，而没有让我彻底变成一穷二白的穷光蛋；最后，当盗贼的是他，而不是我，我是何其幸运啊！感谢上帝，感谢你，我的朋友！"

很多人失窃之后，面对财产的损失和精神上的伤害，一定会心情抑郁，闷闷不乐。罗斯福恰恰与此相反，虽然他也失去了一部分贵重的财产，但是居然能够在给朋友回信的时候，想出三条感恩的理由。不得不说，是发自内心的宽容豁达，也是从骨子里透出来的坚强乐观，才能让他如此表现。

面对多舛命运，一个人只有坚强乐观地活着，才能如同沙漠里的胡杨一样，给予自己顽强的生命力。从某种意义上说，消极悲观本身就是沉重的包袱。假如一个人总是消极悲观，就很难轻松地面对生活，甚至会使原本还不赖的命运变得更加沉重起来，也会导致厄运的来临。以形象的比喻来说，悲观的人生之路注定越走越窄，而乐观的人生之路则主动越走越宽。既然我们可以选择悲观也可以选择乐观，相信所有明智的朋友都会毫不犹豫地选择乐观。乐观也能驱散命运的阴霾，使幸运随之而来！

顺利是偶尔的，挫折才是人生的常态

生活中，我们经常听到周围的人说，“和气生财”“家和万事兴”之类的经验真谛，这些都充分说明了一个道理：只有时时保持一种积极的人生态度才有获取成功的希望。新时代的人们，我们也只有始终保持积极阳光的心态，也才能获得幸福的人生。无论你遇到多大的挫折，都必须勇于承担，用乐观积极的心态去面对，即使心里再苦，也要阳光地微笑。因为任何人的一生，都需要我们用心来描绘，无论自己处于多么严酷的境遇之中，心头都不应为悲观的思想所萦绕，应该让自己的心灵变得通达乐观。罗根·史密斯说过这样一段话，言简意赅，他说：“人生应该有两个目标，第一是，得到自己所想的东西；第二是，充分享受它。只有智者才能做到第二步。”

“奶茶”刘若英是个典型的不以美貌成名的歌手和演员，她淡雅的气质和婉转的歌声都深入人心。可是我们可能不知道她在出道前的那段艰苦的日子。

出道之前，她曾经在唱片公司做了三年的小助理，助理的工作很辛苦，也很琐碎，背吉他、买盒饭等杂活都要她做。“当时真的很辛苦，也常常身上没有半毛钱。”刘若英说，有一天半夜要回家，却发现身上没钱坐车回家，只好拿着提款卡去取钱，第一次按五百元显示“余额不足”；第二次按一百元还是一样的结果：第三次才发现自己的总财产只有九十七元。最艰难的时候，她竟然连吃盒饭的钱都没有了。可是她说：“正是那些人生和事业的低谷，更让我懂得珍惜自己要面对的每一部戏和每一首歌。每一道伤痕都是我的一种骄傲。”

的确，每个人都会遇到挫折与失败以及各种不幸，但以什么样的心态去面对，不仅决定了他最终的成败，更决定了别人对他的看法，一个坚强、不屈服的人总是那么令人敬佩，不知不觉，我们会被这种顽强的毅力所折服，刘若英就是这样的一个人。而一遇到挫折与困难，不是躲避就是哭泣，这样的人是懦弱的，当别人“借给你肩膀依靠”或者安慰你时，也在心底产生了这样的想法：果然是一个不成熟的孩子，这么点挫折都受不了！

我们需要明白的是，一个成熟的人是应有一定的承受挫折的能力的，无论前面是什么路，都应该勇敢地自己走下去。可能有的时候你会对灾祸和挫折心存侥幸，总是会想，概率这样小的事情，怎么会发生在我身上呢？但是纵使挫折发生的几率是百分之一，而这百分之一落在你的头上就是百分之百。有一位作家说："顺利是偶尔的，挫折才是人生的常态。"人生的路上，免不了遇到挫折，战胜挫折、赢得别人的尊重，就必须拥有一个积极的心态，这相当重要，乐观的心态总会引领着处在挫折中的人们逐渐走向光明。其实困难就是纸老虎，战胜它最好的办法就是藐视它，你越是看重它，它就越发地淘气捣乱让你不好过；你若是看轻它，不把它当回事，它也就不敢和你挑衅了。

当然，在挫折和失败面前，我们难免会产生一些情绪，但我们必须及时调整，用微笑的面孔重新迎接生活。具体说来，你可以这样做：

1.换个角度思考挫折，寻找快乐之源

挫折和失败的确会让人丧失积极性，但同时，它也是你成长路上的必经过程，挫折促使你成长，因此，从另一个角度思考，你应该感谢挫折，用这样的心态思考的话，也就能摆正心态了。这就是换位思考的结果，换一种思维，就能把不快乐就变成快乐，也就能微笑面对。

2.克服懦弱，提高修养

提高修养本身就是在克服懦弱的习气。当你遇到挫折和困难时，你若能及时地克制住不良习气的话，那么就证明你本身就具备一种魄力，也只有这样，才能避免你自己做出不理智的事来；如果你不能自主地克制而是迁就于它的话，就是懦弱的表现。

3.培养情商，积极进取

法国作家莫泊桑有一句名言，人是生活在希望中的。情商高的人有很高的上进心、进取心，总是对未来、对社会、对祖国、对民族、对单位、对自己、对家庭、对人生都充满希望。

总之，在困难和挫折面前，我们要把自己坚强的一面留给别人，即使心里再苦，也要阳光地微笑，“黯然神伤时，则所遇尽是祸；心情开朗时，则遍地都是宝”，如果你想获得幸福的话，就坚强一点吧！

心怀希望，让自己充满“正能量”

刘阳阳毕业于一所不错的大学，专攻文学，走上工作岗位已经三年了。三年前，刘阳阳在上海的时候，通过网络看到一家公司的招聘信息，正好是她感兴趣的文案策划工作。刘阳阳详细了解了该公司的信息，按照上面提供的联系方式，把自己的简历投递到该公司的邮箱里。几天之后，刘阳阳意外地接到了该公司的电话，要她在周一的早上到公司参加面试。

面试成功后，刘阳阳成了这家公司的一名正式员工。工作中的一次偶然机会，刘阳阳问部门经理吴姐："在那么多参加应聘的求职者中，吴姐为什么会选择我呢？"

此时吴姐的回答有些出乎刘阳阳的意料："是阳阳你的微笑感染了我，通过微笑，我看到你有一种其他求职者不具备的自信。"

原来是这样，刘阳阳起初还以为是自己的高学历和突出的表现让自己能够成功留在公司呢！

工作后，刘阳阳总是尽最大努力保质保量地完成吴姐交给她的任务，还常常加班加点地熟悉公司的业务。有一次，吴姐让刘阳阳做一个策划，由于刘阳阳对专业已经非常了解，再加上她自身的文学功底本来就十分了得，所以，刘阳阳只花几个小时的时间就完成了任务，还得到了上面领导的赞赏。平时上班的时候，刘阳阳总是一脸的微笑，不论对任何人她都能用微笑来连接彼此的感情，很短的时间内刘阳阳就和公司里的人成为了好朋友。此外在工作上，刘阳阳也是非常上进，有责任感，平日遇到不懂的知识，她不仅虚心请教前辈，私下里也是不断学习充实自己。刘阳阳有着良好的心态，遇到困难也从不退缩，在她看来，只要相信自己，努力学习，就没有过不去的砍儿。积极的心态让刘阳阳的每一天都充满着欢乐，同时也为大家带来了很多正能量。于是在进入公司不到一个月，刘阳阳就结束了试用期，又过了一段时间，公司鉴于她良好的表现决定为她加薪升职。

刘阳阳的身上很好地体现了什么是正能量，一个充满着正能量的人不仅自己是幸福的，同时也会为周边的人带来欢乐和力量。我们应该学习阳阳的这种精神，做一个充满正能量的人，一个积极乐观的人，一个时刻保持微笑的人。

总之，一个人内心是否充满能量可以决定一个人的成长高度，干任何工作、任何事情，都是如此。一个人的内心决定了他是否能把这项工作、这件事情做得更完善、更完美，同时，也决定着一个人能否走上更高的职位。

处境不绝望，绝望的是人

在我们周围，有人生活得幸福美满，有人生活得痛苦；在创业过程中，有人做得风生水起，有人却怎么也不见起色。如此大的差别究竟从何而来？仔细推敲，我们不难看出，前者拥有积极的思维，他们凡事都往好处想，而后者总是悲观失望。人生短短数十载，困难和挫折都在所难免，我们不能预知未来，但我们可以以一颗坦然的心面对。只要做到积极乐观、永不绝望，就一定能渡过逆境。

我们每个人都应该学会在日常生活中培养自己的乐观精神，无论遇到什么事，都不要忧郁沮丧，无论你有多么痛苦，都不要整天沉溺于其中无法自拔，不要让痛苦占据你的心灵。事实上，积极的思维方式在人生事业中也起着重要的作用。而积极的思维方式包括：遇事乐观、有理想、努力、怀抱一个感恩的心、善待自己、善待他人等。

推销大师吉拉德的成功，也是源于他相信自己能成功的积极心态。

小时候吉拉德的父亲总是给他灌输一种消极的思想——“你永远不会有出息，你只能是个失败者。”这些思想令他害怕。而吉拉德的母亲却相反，她给他灌输的是一种积极的思想：对自己有信心，你绝对会成功的，只要你想成为什么，你就能做到。从父母那里，吉拉德时时受到两种相反的力量，这两种力量一方面令他害怕，另一方面也让他产生信心。而最终，母亲传输给他的这种思想胜利，这就是为什么他能实现自己的梦想。

美国钢铁大王卡内基，少年时代从英格兰移民到美国，当时真是穷透了，正是“我一定要成为大富豪!”这样的信念，使得他于19世纪末在钢铁行业大显身手，而后涉足铁路、石油，成为商界巨富。洛克菲勒、摩根也都是满怀欲望，并以欲望为原动力，成为资本主义初期美国经济的胜利者。

生活中的人们，你也可能遇到某些困难，遇到某些不顺心的事，你可能会因此变得沮丧。其实，你应告诉自己，困境是另一种希望的开始，它往往预示着明天的好运气。因此，你只要放松自己，告诉自己希望是无所不在的，再大的困难也会变得渺小。为此，当你情绪消极时，你可以这样暗示自己："再大的困难，我也能挺过去！""我就不信我战胜不了你！"

有人说，思维方式决定一切，这话是很有道理的，不同的思维方式会改变你看问题的角度，而从不同的角度看问题，结果往往有很大差异，正所谓"横看成岭侧成峰，远近高低各不同。"总之，只要是抱着乐观主义心态的人，必定是个实事求是的现实主义者。

第08章

忍耐枯燥与痛苦是通向成功的必经之路

面对生活的不如意，忍耐大多数时候是痛苦的，因为忍耐压抑了人性。不过，成功往往就在你忍耐了常人无法承受的痛苦之后，才会出现在你面前，千万不要只差那么一点点就选择放弃，毕竟，忍耐枯燥与痛苦是通向成功的必经之路。

吃得小亏，才不至于吃大亏

早在古时候，大圣人孔子就曾经说，小不忍则乱大谋。这句话告诉我们，必须学会忍让，才能做成大事。当然，人生中不但要忍耐一时的怒气，也要学会对于人生的苦难多多忍耐。孟子曾说，天将降大任于斯人也，必先苦其心志，劳其筋骨，饿其体肤。这样一来，人才能得到锻炼，坚定意志，成就大业。由此不难看出，忍耐和忍让，在我们的生活中是不可或缺的美德。人如果缺乏忍让的精神，就很容易陷入冲动之中，也使我们的生活被动不堪。

尤其是现代社会，生活节奏越来越快，工作压力越来越大，很多人之间都存在着竞争和利益关系。常言道，有人的地方就有江湖，那么有利益和竞争的地方，也就会有纷争。为了让自己得到更多的好处，也在工作和事业上取得更大的成就，几乎每个现代人都在不遗余力地打拼。发生矛盾时，如果我们只盯着眼前的利益看，而忘记与他人和谐相处的重要性，就难免会因此得罪人，导致未来的生活和工作都受到影响。正是因为不断地从生活和工作中得到经验教训，所以人们常说，忍一时风平浪静，退一步给海阔天空，也有人说，忍得一时之气，免得百日之忧。古人也曾说过，吃亏是福。对于生活中很多鸡毛蒜皮的小事情，我们根本无需上纲上线，对他人寸步不让。如今是网络时代，很多新闻在网上都能传得沸沸扬扬，经常关注网络新闻的人会发现，很多血案，最初只是因为一件不值一提的小事。假如双方都能忍耐一下，也就能够皆大欢喜，而不会导致事态恶化，最终无法收场。

大多数不能忍耐的人，都是小肚鸡肠的人，因而要想学会忍让，我们首先必须让自己心胸开阔，从而变得更加宽容大度。的确，眼前的利益是很重要的，它也许与我们的生活息息相关，但是人生是漫长的，而且在复杂多变的人生中，我们根本不可能预见到自己未来还是否会与曾经争夺利益的人合作。尤其是对于很多商业上的合作伙伴而言，因为合作的关系，更要把目光放得长远一些，不要纠结于那些小利益，这样才能赢得长久的合作与发展。此外，我们还要跳出思维的怪圈，不要任何事情都从自身角度出发考虑问题，要避免过于主观，从他人的立场上设身处地地为他人着想，这样我们就更容易理解和宽容他人，从而减少怒气，让彼此的交往和谐融洽。总而言之，忍让在任何年代都是美德，我们作为现代社会的年轻人，为了与他人搞好关系，也为了让自己更加顺利地发展，也要具备这样的美德，让自己具备博大的胸怀和宽容的品质。

清朝康熙年间，张英不仅是文化殿的大学士，也是礼部尚书。他的老家在安徽桐城，他的家人和邻居吴家因为宅基地的事情，发生了激烈的争执。他们两家的宅基地都是从老祖宗那里传下来的，因为年代久远，已经成为不清不楚的糊涂账了。因为彼此之间无法说清楚这些事情，最终他们不得不找到官府，让官府决断。没想到的是，邻居家也有人在朝廷里当官，而且在当地是望族，所以官府不敢得罪任何一方，只好不停地跟在其中和稀泥，最终也没有成功解决问题。无奈之下，气愤的张家人给京城的张英写信，让他找关系解决问题，彻底降服邻居吴家。

看到家里人派人日夜兼程送来的信，张英不由得好笑。他马上提笔修书一封，命令来人把信再火速带回家里，信的内容如下："千里修书只为墙，让他三尺又何妨。万里长城今犹在，不见当年秦始皇。"看到张英的来信，家里人大失所望，因为张英明显是在劝说他们让出三尺地，这样才能和和气气地解决问题。他们不敢忤逆张英的意思，因而主动让出三尺宅基地。吴家人看到张家人如此宽容大度，也不甘示弱，马上也退让三尺。从此，原本紧挨着的张家和吴家之间，就多出了一条六尺巷，周围的百姓们也多了一条通道，从此之后，六尺巷的故事被人们世世代代传为美谈。

如果张英支持家人与邻居争夺地盘，则原本世代为邻的两家人一定会反目成仇，甚至老死不相往来，也会给子孙后来带来很大的嫌隙和不愉快。一句“万里长城今犹在，不见当年秦始皇”，让每个人都意识到在历史的长河中，人只是沧海一粟，实在不应该为了这些身外之事大动干戈。在当今社会的农村，原本是好邻居的两家人，因为宅基地的事情大打出手的也并不罕见。假如人人都有忍让的美德，既不要主动欺负他人，也不要因为不值一提的小事伤了邻里之间的和气，那么人与人之间的关系一定会更加友善融洽。

耐心和恒心总会得到回报

通常情况下，人们对于那些忍让之人都嗤之以鼻，觉得他们一定是因为怯懦无能，所以才对一切都忍气吞声。然而，我们必须告诉大家，忍耐非但不是怯懦，反而是拥有气度之人的表现。一个人要想真正做到忍耐，宠辱不惊，则一定要有开阔的胸襟和高尚的节操。尤其是在人际交往中，面对复杂的人际关系，忍耐更有可能是以退为进，等到合适的机会崛起。所以说，忍耐是厚积薄发，是一种聪明机智的策略，也是有气度的表现。

现实生活中，很多人不管遇到什么人还是什么事情，总是第一时间就爆发，与他人争长短，想为自己赢得面子。殊不知，这恰恰是让自己丢面子的行为，因为如果你没有弄清楚事情真相就肆意反驳他人，你最终很有可能因此贻笑大方。真正的智者，面对生命的困境，面对他人的委屈和误解，不会当即就不分青红皂白地抱怨或者为自己辩解。他们知道事实胜于雄辩，明白一切的反驳都不如事实来得更有力。此外，他们也有可能因为隐忍，而得到更多的好机会，从而让自己的人生更加谦和，也更加平顺。

常言道，人在屋檐下，不得不低头。很多时候，并非我们愿意忍让，而是在审时度势后，顺势而为，这样才能让自己走出困境，走入人生的开阔地带。要知道，低头并非简单地认输。就像很多人曾经看过斗牛一样，那些勇猛的牛在发起进攻的时候，一定是低下头，积蓄力量，顺势而为的。人生也应该如此，我们此时此刻的沉静内敛，为的就是有朝一日扬眉吐气。自古以来，无数人因为忍让等待到好的时机，一飞冲天，也有很多人因为忍让，成就了千古留名的伟大事业。作为普通人，我们虽然不会名垂千古，但是也有属于自己的成功人生。任何时候，我们唯有成就自己，才能创造最美好的未来。

作为香港的大富豪，李嘉诚每次在与他人正式签约做生意之前，总是“陷入思考”。有人问他在想什么，他回答正在计算对方的利润。他说，假如我觉得对方在这笔生意中利润很少，我就会让利给他。众所周知，大多数人做生意都恨不得赚得盆满钵满，但是李嘉诚却更愿意为合作伙伴着想，难道他自己不想多赚一些吗？李嘉诚这么做，正是为了多赚一些。因为假如合作伙伴盈利很少，必然导致后期合作非常困难，而李嘉诚把一部分利润让给对方，实现共赢，未来的合作也就会更加顺利，当然他也能够因此赚到更多的钱了。

美国著名的“钢铁大王”卡耐基也很善于忍让。在成为“钢铁大王”之后，他有一次与竞争对手布尔门铁路公司展开了竞争，只为了赢得与太平洋铁路公司合作卧车的机会。为了投标成功，他们彼此都不断降低价格，最终居然导致利润几乎为零，彼此依然较劲，谁也不愿意退让一步。有一天，卡耐基在旅馆门口遇到了布尔门，他突然面带笑容主动向着布尔门伸出手，说：“我们这么做，真的是鹬蚌相争，渔翁得利啊。”说完，卡耐基当即向布尔门示好，布尔门也尽释前嫌，但是因为顾及到新公司中谁占据主导地位，所以他对于合作并不十分感兴趣。在布尔门处心积虑地问新公司如何命名时，卡耐基几乎毫不迟疑地说：“布尔门卧车公司！”就这样，他以忍让的精神彻底打消了布尔门的疑虑，接下来他们合作得非常愉快，全都获得了巨大盈利。

人们都说商场如同战场，作为杰出的企业家，卡耐基却很清楚在利益面前没有永远的敌人。他主动与布尔门和好，而且还退让一步，让布尔门占据合作中的主导地位，由此实现了两家公司之间的顺利合作、互助共赢。

朋友们，不管是在日常生活中，还是在工作中，我们也应该处处谦让，这样我们才能更好地与他人相处，才能赢得他人的认可和尊重。例如，在与朋友相处时，有了好处或者好机会让一让，朋友一定不会忘记的；在公司中，当与同事有了利益之争时，也不妨让一让，这样才能赢得同事们的好感，也才能在未来的工作中合作顺利。很多人之所以与身边的人关系紧张，就是因为他们过于斤斤计较，总是以短视的目光盯着眼前的好处，却不知道自己已经失去了他人的认可。很多时候，所谓的“利”无法给我们带来真正的好处，反而会使我们身心俱疲，因小失大。

忍耐+和蔼=力量

中国人素来有坚韧不拔的毅力，坚韧就是能屈能伸，当形势不利于自己的时候，要懂得掩藏，甘于退居背后积累实力，而不是充大头，硬碰硬。这一点也告诉生活中的人们，你可能也有几个对手，比如，学习上与你不相上下的同学，竞赛中的对手等，但你需要明白，盲目冲动并不能取胜，你首先应该充实自己，让自己强大起来，只有这样，才能真正击败对手。

很多时候，我们与对手之间的较量，就是一种“忍”功的较量，打的就是一场心理战，谁能够“挺住”，谁就赢取成功，笑到最后；谁若忍不住、刚愎自用，谁就以失败结束，一败涂地。

北大副校长海闻曾对北大学生说过这样的话：“社会是复杂的，人生是艰苦的，要想成才，必须学会忍耐。‘天将降大任于斯人也，必先苦其心志，劳其筋骨，饿其体肤，空乏其身，行拂乱其所为，所以动心忍性，曾益其所不能。’忍耐意味宽容，忍耐需要意志，忍耐是一种素质。

你们来北大是干什么的？仅仅学知识？为一份工作？国家需要精英，社会需要楷模。北大是培养社会精英、人类楷模的地方。我真希望每一个头上戴着北大光环的人能对得起这份荣誉和责任，做一个能屈能伸的人。”

忍耐是一种崇高的人生境界，古代的“百忍歌”中有这样的句子，“忍得淡泊养精神，忍得勤劳可余积，忍得语言免事非，忍得争斗消仇冤”。忍耐不是软弱，反而是一种大度，忍耐也并不是妥协，而是一种胜利。在生活中，学会审视一下自己，我们根本没有理由对周围的一切都那么苛刻，要学会忍耐，这样会让生活变得更加轻松。

常言道：“小不忍则乱大谋。”生活中的每一个人，不管是谁，在人生中难免会深陷逆境，却又一时无力扭转逆境，那最好的选择就是暂时忍耐，因为事情总是处在不断变化中，一旦有利的时机到了，那成功就指日可待了。所谓“忍一时风平浪静，退一步海阔天空”，要学会在忍耐中等待命运转折的时机。大凡成大事者，必定能忍得一时之辱，容得一时之痛。忍耐是一种品质，一种精神，更是一种成熟，一种理智，因为忍耐，在磨难挫折面前坦然豁达而不灰心丧气，它似乎可以给人生一种奋进的力量，在布满荆棘的道路上，在变幻莫测的航行中，忍耐给予的生命光芒在信念中闪烁。当然，忍耐并不是坐在那里默默地忍受一切，而是从心里接纳所面临的事情。当生活中的挫折与困难迎面而来的时候，暂且不去下判断，不论遇到多么大的事情，最好暂时忍耐一下，也许到了下一刻事情就会有所转机，你或许也有了解决问题的办法。

常常是最后一把钥匙打开了门

我们都知道，有得就有失，有失也有得，得与失是矛盾的统一体，因此，要成功就必须放弃享乐。我们不难发现，大凡做出一些成就的人必定会经受一些磨难，吃尽苦头，然后才能等到出头之日，一鸣惊人。在这个过程中，他们不断地忍耐着痛苦与辛酸，有精神上的，也有身体上的，那些痛彻心扉的日子里，他们咬着牙，将滴落的血吞进肚子里。有时候，为了完成自己心中的理想，他可能需要寄人篱下，甚至遭人白眼，受人讽刺，但他们都忍耐了过来，在这个过程中，他们放弃的就是暂时的享乐。但实际上，他们明白，他们最终会有守得云开见月明的一天，到那时，自己以前所受的所有苦难都是值得的，因为它们已经凝结成了耀眼的成功的光环。

在人生发展的道路上，我们选择如何继续往前走，决定了我们生命的高度，一些人贪图享乐，甚至愿意一条道走到黑，他们浑浑噩噩地度过每一天，在错误的道路上越走越远，甚至在追逐已定目标的道路上逐渐迷失了自己。因此，我们每个人都应该学会正确地定位自己、认清自己，看到自己的价值，然后找准目标，挖掘到自己的内在动力，再朝着正确的方向努力，你就能充分发挥自己的价值。总之，我们要告诫自己，绝不做一个没有追求、漫无目的的享乐主义者！

然而，我们不得不承认的一点是，现代社会，随着物质生活水平的提高和科学技术的进步，一些人被周围的花花世界所诱惑，一有时间，他们就置身于灯红酒绿的酒吧、歌厅，就连独处时，他们也宁愿把精力放在玩游戏、浏览网页上，而时间一长，他们的心再也无法平静了，他们习惯了天天玩乐的生活，他们再也没有曾经的斗志，最后只能庸庸碌碌地过完一生。

因此，无论何时，我们都要控制自己的“玩”心，享乐只会让我们不断沉沦，闲暇时我们不妨多花点时间看书、学习，不断地充实自己，这样才能在未来激烈的社会竞争中立于不败之地。

“每天下班后，我宁愿去图书馆看看书，也不愿意和一群人聚在酒吧，每读一本书，我都能获得不同的知识，有专业技能上的，有人生感悟上的，有风土人情，有幽默智慧，我很享受读书的过程，每次从图书馆出来都已经夜里十点了，在回家的路上，看着路边安静的一切，风从耳边吹过，我真正感到了内心的安宁。同事们都说我这人太宅了，但我觉得，这样的生活很充实，内心有书籍陪伴，我从不感到孤独。实际上，在很久以前，我也是个爱玩的人，常常和朋友喝酒喝到半夜才回家，一到周末就约朋友出去吃饭、唱歌，我很少一个人呆着，有时候，真当我一个人在家的时候，我也会找一些娱乐项目，比如上网、打游戏、跳舞等，我觉得自己根本闲不下来。

但就在我三十岁生日那天，发生了一件令我这辈子都无法释怀的一件事，我和我的一个朋友，在那晚喝了很多酒，离席后，他开着车自己回去了，谁知道在半路上出了车祸。我很后悔，假如我没有让他喝那么多的酒，他就不会出事，从这件事以后，我改变了对人生的看法，如果我的下半生还是这样浑浑噩噩地过，那么，这和一具行尸走肉又有什么区别呢？

后来，在一个图书馆管理员朋友的推荐下，我开始接触到了各种各样的书籍，从这些书中，我学到了很多……”

这是一个深爱读书、拒绝玩乐的人的内心独白，的确，他说得对，一个整天玩乐的人就如同一句行尸走肉，内心真正的快乐其实并不是玩乐能带来的，而需要努力充实自己的心灵。

任何一个人，要想有一番作为，就必须要学会自控，控制自己的“玩”心、剔除自己的享乐主义心理。事实上，那些成功者之所以成功，并不是因为他们喜欢吃苦，而是因为他们深知只有磨练自己的意志，才能让自己保持奋斗的激情，才能不断进步。

有耐心的人，能得到他所期待的

人生不如意十之八九，面对无法让自己感到满意的爱人、亲人、孩子、朋友以及同事等，我们是选择生气，还是选择隐忍？面对他人的恶意作弄，我们是如同炮仗一般火冒三丈，还是忍辱负重，最终获得成功？归根结底，没有人的人生会是一帆风顺的。大多数人之所以选择隐忍，是因为他们知道自己肩负着更加神圣的使命。当然，也有很多朋友选择是可忍孰不可忍，最终歇斯底里地爆发，让自己再也无所顾忌，也不愿意委曲求全。

上文所说的是人生的两种极端化的状态。对于性情中人而言，选择后者的居多，但是对于明智理性的朋友们而言，当然更愿意忍辱负重，最终抓住契机，获得成功。

作为战国时期大名鼎鼎的政治家，原本是魏国人的范睢出身贫贱，根本无缘在魏王面前展示自己的才华，因而投靠在中大夫须贾门下。有一年，范睢同须贾一起出使齐国，齐国齐襄王很赏识范睢的才华，因而赐给范睢很多金银珠宝，不过都被范睢拒绝了。然而，须贾得知此事后，却觉得范睢一定有背叛魏国的倾向，所以将此事汇报给魏国的国相魏齐。魏齐不分三七二十一，就派人毒打范睢，后来更是把装死的范睢扔到厕所中。须贾亲眼看到一切的发生，还朝着装死的范睢身上撒尿，对其毫无怜悯之心。

等到那些人都离开了，范睢才央求看守厕所的人救他一命。在看守厕所的人的帮助下，范睢侥幸生还，来到秦国，投奔秦昭王。果不其然，秦昭王很赏识范睢的才华，不但重用范睢，还拜范睢为自己的国相。在范睢的建议下，秦昭王决定首先攻打距离秦国比较近的魏国，魏国得到消息后赶紧派出须贾出使秦国求和。然而，须贾根本不知道秦国的国相张禄就是曾经的范睢。但是范雎对此心知肚明，他一直在等待须贾的到来。须贾辗转见到范雎，这才知道曾经九死一生的范雎如今在秦国贵为国相，而且深得秦王器重，为此，他大惊失色，负荆请罪。不想，范雎对他的罪过既往不咎，但是却要求以魏齐的脑袋作为交换条件，保证魏国的安宁。最终，魏齐尽管闻风出逃，最终却如同过街的老鼠一样无处容身，只得自杀。

范雎之所以能够获得日后的成就，就是因为他具有忍辱负重的精神。虽然被须贾诬陷背叛国家的罪名，又被魏齐下令毒打至“死”，而且还遭到须贾撒尿的侮辱，但这些都没有打消他一定要坚强活下去的信念。他逃到秦国之后，博得秦昭王的赏识，因而得到了复仇的机会，最终要了魏齐的性命。

不得不说，一个人的忍耐能力的高低，决定了他将会获得多大的成功。所谓成功者，很少有一帆风顺的，他们大多都从危机四伏之中为自己找到生机，杀出生路。难以想象，他们在此过程中遭受了多少屈辱和磨难，也承受了多么巨大的压力和艰难。正因为如此，他们才能承担命运赐予的重任，从而最终获得成功。

所谓忍字头上一把刀，任何时候，我们都必须具备极强的忍耐力，这样才能成就大事。人在一生之中，很难一帆风顺，难免会遇到坎坷与挫折。越是在艰难的困境中，我们越是要忍受屈辱，以极强的毅力和必胜的信念，迎接挫折之后的成功。要知道，当我们凤凰涅槃、浴火重生时，我们的人生一定能够爆发出使生命都为之震撼的力量。

自古以来，关于忍耐的典故就很多。诸如韩信当初忍得胯下之辱，后来才能成为刘邦的左膀右臂；刘邦后来之所以能够成就大业，也是因为极强的忍耐精神。正如人们常说的，小不忍则乱大谋。我们必须坚决忍耐，忍辱负重，才能避免因为急躁犯下错误，也才能让自己的人生因为忍耐，获得成功。

第09章

放弃是另一种坚强

人生一切的痛苦，归根结底是没有学会放下，身心背负着沉重的包袱，所以生活也变得越来越累。因为过多的追逐和幻想会增加生命的负担，我们只有学会放下时，才能在得与失的执着中解脱出来。

当你打开双手，世界就在你手中

人生在世，我们想要的实在太多，我们也都曾有自己的梦想，但我们想要的并不都能得到，我们的梦想也不一定都能实现。社会大舞台上，每个人都是自己生活和生存方式的编导兼演员，只有学会正确地进行选择，有所为，有所不为，学会放弃，才能卸下压力，演绎出精彩的人生喜剧。因此，我们可以说，懂得放弃是一门智慧，更是一种情商高的表现。

每个人都渴望自己能变得完美，但事实上，世间没有完美的人和事。其实，缺憾本身也是一种美。我们不妨想想，就连权倾天下的统治者都无法拥有所有想要得到的东西，何况是常人。因此，对于那些不适合自己的选择，我们要果断放弃。追求完美固然是一种积极的人生态度，但如果过分追求完美，而又达不到完美，就必然会产生浮躁心理。过分追求完美往往不但得不偿失，还会变得毫无完美可言。

人的一生，不可能什么都得到，有太多的东西需要我们放弃。爱情中，强扭的瓜不甜，放手的爱也是一种美；生意场上，放下对利益的无止境的掠夺，得到的是坦然和安心；在仕途中，放弃对权力的追逐，随遇而安，获得的是一份淡泊与宁静。

古人云：无欲则刚。真正的放下，是一种智慧、一种境界。因为不属于我们的东西实在太多了，只有学会放弃，才能给心灵一个松绑的机会。表明上看，放下了就意味着失去，这是痛苦的，然而，如果你什么都想要，什么都不想放下，那么，最终你什么都得不到。人生苦短，无非几十年，有所得也就必有所失。只有学会了放弃，我们才会拥有一份成熟，才会活得坦然、充实和轻松。

然而，现代社会中的人们，拿起来容易，放下却难。因为你如果放下了，就会被认为是承认了失败，就如同是认输。在我们所受的教育里，强者是不轻易言败的。所以，我们常常会被一些高昂的词语所激励，不屈不挠、坚定不移、坚持到底、永不言败等。是的，我们的人生需要砥砺。但是，如果一个站在了死胡同里却还是要坚持走到底的人，并不会成为英雄，他的死不认输，只会让他更快毁灭自己。

从前，有甲乙两个人，他们生活得十分窘迫，但两人关系却很要好，经常一起上山打柴。

这天，他们和以往一样上了山，走到半路，却发现了两大包棉花。这对于他们来说，可以说是一大笔意外之财，可供家人一个月衣食丰足。当下，两人各自背了一包棉花，赶路回家。

在回家的路上，甲眼前一亮，原来他发现了一大捆上好的棉布，甲告诉乙，这捆棉布可以换更多的钱，可以买到更多的粮食，应该换做背棉布。而乙却不这么认为，他说，棉花都已经背了这么久了，不能就这么放弃了，乙不听甲的话，甲只好自己背棉布回家。

他们又走了一段路，甲突然望见林中闪闪发光，走近一看，原来是几坛黄金，他高兴极了，心想这下全家的日子不用愁了，于是，他赶紧放下肩上的布匹，拿起一个粗滚子挑起黄金。而此时，乙仍不愿丢下棉花，并且他还告诫甲，这可能是个陷阱，还是不要上当了。

乙不听甲的劝告，甲只好自己挑着黄金和乙一起赶路回家。走到山下时，天居然下起了瓢泼大雨，两人都湿透了。乙更是叫苦连天，因为他身上背的棉花吸足了雨水，变得异常沉重，乙不得已，只能丢下一路辛苦舍不得放弃的棉花，空着手和挑黄金的甲回家去。

故事中的这两位村民为什么会有如此不同的结果？很简单，因为背棉花的村民不懂变通，只知一味强渡人生所有的关卡。而另外一位村民则善于及时审视自己的行为。的确，在追求目标的路上，要审慎地运用智慧，做最正确的判断，选择属于自己的正确方向。同时，别忘了随时检视自己选择的角度是否产生偏差，适时地对其进行调整，千万不能像背棉花的村民一般，时时留意自己执著的意念是否与成功的法则相抵触，追求成功，并非意味着必须全盘放弃自己的执著，去迁就成功。只需在意念上做合理的修正，使之契合成功者的经验及建议，即可走上成功的轻松之道。

俗话说，拿得起，放得下；反过来理解，放得下的人，才能拿得起；该扔的扔，无谓的坚持是没有任何意义的。放下既是一种理性的决策，也是一种豁达的心胸。当你学会了放下，你就会觉得，你的人生之路会宽广很多。

我们在一生中需要放下的东西很多。古人云：鱼和熊掌不能兼得。如果不是我们该拥有的，那么我们就得学会放下。人生注定要经历多姿多彩的风景，其中，放下具有别致的风韵。过去常听人说，人要懂得放弃。放弃是对事物的完全释怀，是一种高妙的人生境界。而放下则更具有一丝丝缕缕的难舍情怀，是一首悠扬的乐曲，在每个人的心底奏起。

只有先学会放下，才能不断向上

我们都知道，执着是一种良好的品质，它帮助我们认准一个目标坚持去执行，无论在前进中会遇到任何的障碍，都绝不后退，努力再努力，直至目标实现。历来，执着都被人公认为一种美德，然而，过分执着就变成了固执，这是一种弊病。固执的人之所以固执，是因为他们对于自己要做的事心存执念，他们认准了目标后便不再回头，撞了南墙也不改变初衷，直至精疲力竭。

因此，有时候，要想重新审视自己的行为，你就必须首先放下那些无谓的执念。只有先学会放下，我们才能不断向上。

事实上，人的生命毕竟是有限的，有时候，我们对于某些目标的憧憬也都是幻想，是不可能实现的，如果你把你毕生的时间都花在了对那些无谓执念的坚持上，那么，当你年迈之时，只能悔之晚矣，而学会放下那些执念，你才可能充足人生，迎来新的人生。

人的一生，不可能什么都得到，相反，有太多的东西需要我们放弃。爱情中，强扭的瓜不甜，放手的爱也是一种美；生意场上，放下对利益的无止境的掠夺，得到的是坦然和安心；在仕途中，放弃对权力的追逐，随遇而安，获得的是一份淡泊与宁静。

古人云：无欲则刚。真正的放下，才是一种大智慧、一种境界。因为不属于我们的东西实在太多了，只有学会放弃，才能给心灵一个松绑的机会。表明上看，放下了就意味着失去，所以是痛苦的，然而，如果你什么都想要，什么都不想放下，那么，最终你什么都得不到。人生苦短，无非几十年，有所得也就必有所失。只有我们学会了放弃，我们才会拥有一份成熟，才会活得坦然、充实和轻松。

其实，生活中的我们也应该想一想，我们是否也因心怀执念而让自己钻入了死胡同。坚持多一点就变成了执着，执着再多一点就变成了固执。人应该执着，但不应该错误地坚持一种想法，有时候，你可能没意识到的是，你坚持的想法是虚妄的。因此，我们应当学会放下，找到新的出路，重新审视自己的生活。

古人云：鱼和熊掌不能兼得。如果不是我们该拥有的，那么我们就得学会放下。人生注定要经历多姿多彩的风景，唯有放下具有别致的风韵。过去常听人说，人要懂得放弃。放弃是对事物的完全释怀，是一种高妙的人生境界。而放下则更具有一丝丝缕缕的难舍情怀，是一首悠扬的乐曲，在每个人的心底奏起。

总之，在我们的人生中，执着固然是可取的，但是某些执念必须放下，比如，对于那些已经被求证、板上钉钉儿的不可能成为现实的目标，你就必须果断地放弃；对于现实世界中完全不能被应用的目标，你也必须理智地放弃；对于权衡利弊之下，完全没有实施的必要的目标，你也必须放下……

人生需要做减法，少即是多

婴儿呱呱坠地时，就像是一张纯洁无暇的白纸，但是随着渐渐成长，我们人生开始不断地被勾勒上色，白纸渐渐变得拥挤，甚至是逼仄。假如我们始终怀着贪婪的心，只知道做加法，而从来不做减法，白纸就会被涂抹得连针尖也下不去，变得没有任何空间。

所谓有得就有失，这就告诉我们人生不但应该做加法，更要做减法。否则，过多的行囊压在肩上，即使是再坚强的旅人，也很难坚持到底。从某种意义上来说，人生的减法甚至比加法更重要。唯有做好减法，我们的心灵才能轻松，我们心中的欲望沟壑，也才能变得平整。

有个年轻人觉得生活很沉重，因而始终对生活感到无望，每天不是愁眉苦脸，就是唉声叹气，很少有感到轻松和开心的时候。眼看着自己渐渐变得颓废，年轻人决定去找智者问个究竟：生活到底带给人的是快乐还是苦楚？智者听完年轻人的讲述，许久没有言语，后来才拿出一个背篓给年轻人，说：“去爬后山吧，背着背篓，每走一步，就捡起一块石头放进背篓里，看看会如何？”年轻人暗暗想道：假如每走一步就捡起一块石头，背篓岂非很重？因而他每走一步，都捡起最小的石子放在背篓里。然而，才走到半山腰，年轻人就觉得背篓无比沉重，往山上爬的每一步也就显得更加艰难。等到了山顶的时候，他已经被背篓压得直不起腰来了，也因为过度劳累气喘吁吁，满头大汗。

这时，智者也跟着年轻人身后爬上山顶，但是因为毫无负担，所以智者步履轻盈，气定神闲。智者问年轻人：“感觉如何？”年轻人想了想，说：“每一步都比前一步更沉重！”智者说：“人生正如攀登高山，即使每一步只捡起一个最小的石子，也会使你肩上的担子越来越沉重，最终使你感到无法继续下去。但是如果你每走一步都丢掉一个石子，则每一步都会更加轻松。下山的时候，你不如每一步都扔掉一个石子，再感受完全不同的感觉。”年轻人于是每往山下走一步，就扔掉一颗石子，果然觉得浑身轻松，到了山脚下，他的背篓里几乎已经空了，他的脸上浮现出笑容。智者说：“每走一步都扔掉一块小石子，你的人生就会变得轻松。当然，人生不可能总是上山或者总是下山，因而要想活得轻松，就要根据情况即使调整背篓的重量，顺势而为。”年轻人若有所悟，点了点头。

在这个事例中，年轻人爬山的过程恰如人生。假如人在一生之中一直在不断地背负起一些东西，却不知道给自己减负，最终一定会因为负担过重而步履维艰。毋庸置疑的是，人生中的确有很多美好的事物值得我们追求，更值得我们珍惜拥有。然而，人生也很脆弱，经不起我们一味地做加法，而忘记了做减法。只有学会取舍，在恰到好处的时候充实自己的背篓，也在需要的时候放空背篓，我们的人生才会既不至于轻飘飘，也而不至于压力过重。

人们始终都在追求物质和精神财富，每个人都渴望得到更多以充实自己的生命。很多人以为只有不断地做加法，人生才会充实，不虚度。殊不知，做减法也能使人生更加丰盈厚重，也更加灵活机动。会做减法的人，才真正懂得人生的真谛。

人生有种态度叫放下

我们都知道，执着是一种良好的品质，是认准了一个目标便不再犹豫地坚持去执行，无论在前进中会遇到何种障碍，都绝不后退，努力再努力，直至目标实现，因此，执着都被人公认为一种美德，然而，过分执着就变成了固执，这是一种弊病。固执的人之所以固执，是因为他们对于自己要做的事心存执念，他们认准了目标后便不再回头，撞了南墙也不改变初衷，直至精疲力竭。但是有时候，我们需要重新审视自己的行为，在拿得起前，你要先学会放下，放下那些无谓的执念，这样我们才能释怀，才能活得坦然。

有人说，人的心像大海，可以容纳波涛和沙粒，也会变得杂乱无序，有狂风暴雨时带来零乱，接着惊涛骇浪、海潮接踵而来，担忧多了，烦劳多了，包袱重了，我们就没有时间和心情去体会生命中的那些简单的快乐和美好。快乐其实很简单，她就是一颗水珠，她可以是早上晶莹的露水，也可以是一朵跳跃的浪花，还可以是一颗感动的泪水。所以，心累与不累，快乐与不乐，都取决于自己的心境，心态好，则轻松快乐多一些；心态不平静，则会怨天尤人，抱怨和憎恨充斥着心灵。生活中的我们，不妨学会放下对世俗的成见，放下得与失给自己带来的困扰，给心灵一个干净、朴实，美丽的空间。

的确，无数人为人世间的成败得失、花开花落、荣辱功过呕心沥血、殚精竭虑、机关算尽，但到最后，他们才发现，原来一切都是过眼云烟，最终都化为尘土，随风飘去，留下的还能有什么呢？似乎什么都没有发生过。放下束缚心灵的负担，轻松愉快地走过这短短几十年的人世光阴，才是我们对生命最本质和简单的诠释！

晋代的陶渊明在为官数十年之后，认识到官场的黑暗，于是，他最终弃官，归隐田园，虽然没有了生活的凭据，但他却感觉到得意和轻松，毫无遗憾和留恋。“采菊东篱下，悠然见南山”，这就是他精神上的自由的最好的写照。他这种洒脱的人生态度，千百年来，令多少人“高山仰止，心向往之”。

人的一生需要我们放下的东西很多。古人云：鱼和熊掌不能兼得。如果不是我们该拥有的，那么我们就得学会放下。人生注定要经历多姿多彩的风景，唯有放下具有别致的风韵。过去常听人说，人要懂得放弃。放弃是对事物的完全释怀，是一种高妙的人生境界。而放下则更具有一丝丝缕缕的难舍情怀，是一首悠扬的乐曲，在每个人的心底奏起。

其实，生活中的我们也应该想一想，我们是否也心怀执念而让自己钻入了死胡同。坚持多一点就变成了执着，执着再多一点就变成了固执。人应该执着，但不应该错误地坚持一种想法，有时候，你可能没意识到的是，你坚持的想法是虚妄的。因此，我们应当学会放下，找到新的出路，重新审视自己的生活。

古人云：无欲则刚。真正的放下，是一种大智慧、一种境界。因为不属于我们的东西实在太多了，只有学会放弃，才能给心灵一个松绑的机会。表明上看，放下了就意味着失去，所以是痛苦的，然而，如果你什么都想要，什么都不想放下，那么，最终你什么都得不到。人生苦短，无非几十年，有所得也就必有所失。只有我们学会了放弃，我们才会拥有一份成熟，才会活得坦然、充实和轻松。

学会忘记，生活才会有趣

在人的一生之中，没有人能够保证自己事事顺利，处处顺心如意。人生，既有得，也有失。这就要求我们必须及时调整自己的心态，得到的时候不要大喜过望，失去的时候也不要长久地沉迷于失去的痛苦之中，无法自拔。只有调整好自己的心态，才能够坦然地面对人生的得失，以一颗平常心享受幸福。尤其是面对失去的时候，很多人都无法从自责、懊丧之中挣脱出来，因此总是患得患失，不能自已。其实，在面临危险和困境的时候，放弃不仅是一种大智慧，而且是一种真正的勇气。

曾经有位哲人说过："记性不好的人，永远觉得生活清新有趣。"这句话非常有道理，因为很多人之所以觉得自己不幸福，最重要的一个原因就是他们的记性太好了。生活是琐碎的，把琐碎的快乐串起来，就成了幸福；然而，与此相反的是，假如一个人牢牢地记着自己所遭遇的不幸，那么，日积月累，他必然觉得自己是世界上最倒霉、最悲惨、最不幸的人。一旦达到这个程度，他想要幸福就很难了。由此可见，一个人要想得到幸福和快乐，首先应该学会忘记。对于任何人来说，曾经经历的痛苦都是一个非常沉重的负担，最终使人产生悲观的厌倦的生活情绪，与其这样，还不如超脱地忘记。在现实生活中，忘却其实屡见不鲜，而且，非常重要。学会忘记吧，忘记那些无关紧要的烦恼，忘记那些曾经使你痛不欲生的苦痛，这样你才能轻松地面对生活，让快乐和幸福充实你的心灵！

很久以前，世界上还没有火车，更没有飞机，轮船是人们非常喜欢的交通方式。有位名叫约翰的商人带着儿子一起出海旅行。为了随时补充现金以备使用，他们随身带了一箱子珠宝，准备在旅途中卖掉。为了保护自己的生命安全，他们始终对这个秘密守口如瓶。

但是，一个偶然的机会，约翰听到水手们在窃窃私语。原来，水手们已经发现了他随身携带的珠宝，为了掠夺这些珠宝，水手们甚至正在秘密策划谋害他们父子俩。

约翰吓坏了，他在自己的房间里焦急地走来走去，绞尽脑汁地想要想出个摆脱困境的办法。见此情形，儿子问他到底发生了什么事情，因此，约翰就把自己听到的事情一一告诉了儿子。

约翰的话还没有说完，儿子就怒火中烧地说："和他们拼了！"

约翰几乎是不假思索地否定了儿子的想法，他说："他们人多势众，一定会轻而易举地制服我们的！"

儿子很不甘心地说："那么，你难道要把珠宝交给他们？"

约翰说："即使把珠宝交给他们，为了杀人灭口，咱们也是没法活命的。"

过了一刻钟之后，约翰父子俩的船舱中传来了大声争吵的声音，而且约翰还怒气冲冲地跑到了甲板上。他边跑边喊："你这个蠢货！你总是把事情弄得一团糟，从来都不听我的忠告！"

儿子也不甘示弱地说："老家伙，你从来都没有说出任何值得我听进去的话！"

当父子俩开始推推搡搡地彼此谩骂时，水手们都感到特别好奇，他们情不自禁地聚集到他们的身边。这时，约翰突然冲向自己的房间，拖出了珠宝箱。他歇斯底里地喊道："你这个忘恩负义的白眼狼！我宁愿把财产扔到海底，也不愿意把它们留给你！"

说完这些话之后，约翰以最快的速度打开了珠宝箱，并且毫不犹豫地冲向栏杆，在别人阻拦他之前把自己的所有宝物全都投入了深不见底的大海。

片刻之后，约翰父子俩似乎从一个噩梦中醒了过来，看着曾经盛满珠宝而如今空空如也的箱子，他们绝望地躺倒一起，嚎啕大哭。后来，当他们单独呆在自己的房间里时，约翰安慰儿子说："儿子，要想保住性命，我们就必须这么做，除此之外，别无他法！"

儿子拥抱着父亲哭泣着说："我知道，父亲，你是对的！"

轮船刚刚驶进码头，约翰就带着儿子找到城市的地方法官。他们指控了水手们犯了企图谋杀罪，为此，法官毫不犹豫地逮捕了那些水手。当法官问水手们是否亲眼看到约翰把自己的所有珠宝投入大海的时候，水手们还没有搞清楚状况，全都毫不犹豫地说的确看到过。因此，法官判决他们有罪。法官问："假如不是面临失去生命的威胁，有谁能够心甘情愿地舍弃自己一生的财富呢？"最终，水手们不得不赔偿了约翰的所有珠宝。

在这个事例中，当生命受到威胁的时候，约翰父子毫不犹豫地放弃了自己所有的财富。确实，正如法官所说的，假如不是面临失去生命的威胁，没有人会心甘情愿地这么做。那么你呢？虽然过去那些痛苦的经历并非如珠宝一般使你难以放弃，但是，你却总是沉迷于痛苦之中无法自拔，任由它无情地吞噬你的生命。

为了生命，所有的财富都可以放弃，更何况是痛苦的过去呢！想明白了这一点，你就不要犹豫了，赶紧调整自己的心态，和那些痛苦的经历说再见吧！忘却也是一种放弃，也是在危急关头对自己的生命的一种成全和保护！

第10章

人生最难得，是保持一颗平常心

人的一生处处透着惊喜和无奈，因此，保持一颗平常心是十分必要的。但人生最难得的，就是保持一颗平常心，即不被感情左右，不为名利所累，可以透过现象看清生活的本质，从而怀着坦然的心情面对一切。

淡定是一种高深的境界

从遗传的角度来说，人的坏脾气有一部分是天生的，因为每个人都有各自不同的脾气秉性，这也就间接决定了他们的脾气是好还是坏。当然，这并不能成为人们放纵坏脾气的理由，归根结底，坏脾气和后天的修养关系更为密切。一个人假如处处宽和待人，遇到任何事情都能做到设身处地为他人着想，理解和宽容他人，那么他们就能够保持宽容大度，心平气和。与此恰恰相反，假如一个人心胸狭隘，与任何人交往时都喜欢算得清清楚楚，而且对于任何事情都斤斤计较，总是想要抢先争上，那么日久天长，他一定会受到自己内心的折磨，感到痛苦不堪，他的心情自然也会越来越差，终日郁郁寡欢。

毋庸置疑，每个人都想要拥有幸福美好的生活，有的人如愿以偿地得到了幸福人生，有的人却始终距离幸福非常遥远，他们越是对幸福求之不得，就越是焦躁不安，最终迷失自己。这是为什么呢？所谓幸福，并非是大多数人所想的那样，拥有大房子，拥有豪华的车子，而是一种来自内心的感受。有很多有钱人虽然很富有，但是内心空虚，住着大别墅却没有家的温暖，为了争夺财产，一家人之间勾心斗角，这样的生活再怎么富裕，也是痛苦的。相反，有些人家尽管生活贫穷，金钱有限，但是对于人生的粗茶淡饭、平平安安感到非常满足，最终一家人和和美美，其乐融融，使人羡慕不已。由此可见，虽然物质上的富足能够增强人的幸福感，但是幸福与金钱和权势、物质之间却没有必然的关系。心浮气躁的人生，注定与幸福绝缘。我们唯有平心静气，淡定平和，才有机会获得真正幸福的人生。

假如说唐然以前是个幸福的女孩，那么自从参加工作之后，她就离幸福越来越远了。唐然是在长春读的大学，大学毕业后，她为了改变命运，只身一人来到北京，很长时间里都过着艰难的生活。直到进入一家二手房经纪公司工作，她才意识到原来有钱人这么多啊。看到那些还没有结婚的年轻人去买房，她不由得怦然心动：假如我找到一个有房子的男孩作为男朋友，我岂不是一步登天，再也不用为无数“北漂”发愁的房子忧愁了吗？自从产生这个想法，原本一心一意工作赚钱的唐然，越来越感到焦灼不安。每次来一个年轻的客户买房，她都羡慕地盯着客户的女朋友。如果是单身男孩，她则对对方死缠烂打。如此几个月的时间过去了，唐然非但没有找到心仪的男朋友，反而还业绩下滑，原本每个月月入过万的她，最后居然心神涣散，每个月只能拿到一千多块钱的底薪，生活更加没有保障。

在现代化的大都市，越来越多的年轻人被物质异化，追求物质享受，还有些原本生活在底层的年轻人产生了思想上的偏差，想要走捷径，一步登天。然而，人生总是需要自己奋斗的。任何人都不可能在人生路上获得一蹴而就的成功，更不可能找到真正的捷径。尤其是对于那些年轻的女孩而言，自己辛苦栽种的果实才能更加甘甜。当然，不乏有些女孩的确拥有好运气，但是那是可遇不可求的。

当社会越来越浮躁，我们更是要淡定平和，安守自己的内心。任何时候，只有内心安宁，我们才能获得安稳的人生。

一个人无论做什么事情，都应该脚踏实地。好高骛远的人生是不长久的，不管什么事情，都要从山脚下一步一步地攀登，才能到达山顶。人生是有底线的，虽然金钱权势很重要，但是却并非人生中的必需品。人，只有成为大写站立的人，才能傲然屹立于世。每个人都要有梦想，哪怕时光流转，光阴荏苒，我们也要坚守自己的梦想，永远为了梦想而不懈地努力。

自信心来自内心的淡定与坦然

有人说，人生如戏，注定了跌宕起伏，人生路上，并不是只有枝繁叶茂的大树和灿烂夺目的鲜花，还有荒凉至极的沙漠；不只有阳光灿烂，还有阴雨连连。这就是人生，只要拥有平淡的真实，才会真正懂得品味人生，抒发人生，才会拥有自我，心存淡泊。平淡，才是人生的至高境界，它是你坦坦荡荡，自自然然的快乐。生活中的点滴愉悦，都是生活中的原汁原味。

人生的平淡和起伏都是一种生命的轨迹，而只有内心平和的人才能体味其中的真谛，因此，我们不妨以平常心看待生活，用心去享受简单生活中的快乐、幸福！

的确，世事难料，因为任何事情都有一个变化发展的过程，此刻你不如意并不代表你一生不幸，人生充满得失，此时你满面春风并不代表你一生顺利，虽然我们不能掌握变化无常的事态，但我们可以掌控自己的心态。因此，不管你现在得到了什么，失去了什么，都不要纠结于一时，心态是自己选择的，祸会转化为福，福也会转化为祸，既然如此，何必不敞开心扉，坦然面对呢？

有个老太太，她从年轻时代开始就有个爱好，那就是种花种草，在她的家里，有各种各样的盆景，她每天的大部分时间都会花在这上面。

有一天，老太太去外地看亲戚，出门前，她告诉儿子一定要细心照看好那些她视若珍宝的盆景。

母亲的话，儿子不敢怠慢，于是，在老太太外出这期间，儿子很精心地照看这些盆景，但是尽管这样，不幸的事还是发生了，在他为花草浇水时不小心碰倒了花架上的一瓶花，花瓶被打碎了。儿子因此非常害怕，准备着等母亲回来后接受处罚。

然而，老太太知道这件事后并没有生气，反而说："我栽种盆景是用来欣赏和美化家里环境的，不是为了生气的。"

老太太说得好，她种植盆景，并不是为了生气。因此，她的心情也不会因盆景被损坏而受到影响。如果无欲无求，了无牵挂，则气无处生。生活中的人们，在得失面前，你是否也有这样的心境呢？

我们需要拥有一份平常心。人生不可能总是大红大紫，不可能总是处于巅峰状态，也有可能处于低谷，也可能遭遇不顺，这就是人生。

当你一度认为自己是竞争中的优胜者而事与愿违时，当你生命中的爱人背叛了你时，当你的挚友突然远去时，你或许会忧郁惆怅，愤愤不平，总认为上帝对你不公。

其实，所有人在上帝面前都是平等的。人生的许多困扰和烦恼都缘于自已。人生原本很平淡，生命的过程，本来也是一个平淡的过程。

如果你想活得辉煌，你就会活得痛苦些；如果你想活得随意，你就会活得快乐些。生活本身就是平淡的，一切都未曾改变，变化的是你的心。花开花落，一切照旧，你也应该有这样的平常心态，对于个人的荣辱得失都做到淡定面对，凡事顺其自然，不强求不牵强，做到真正的平常心。

可见，无论得失，我们要调整自己的心态，要超越时间和空间去观察问题，要考虑到事物有可能出现的极端变化。这样，无论福事变祸事，还是祸事变福事，我们都有足够的心理承受能力。

所以，生活中的人们，我们应该正视人生的得失，世间万事万物，来来去去，本就没有一个定数，我们不能左右世事，但可以左右自己的心。当我们拥有时，我们要懂得珍惜，失去时，也不可过分执着。人有悲欢离合，月有阴晴圆缺，以一份淡然的心面对，我们的心会释然很多。

内心淡定的人才是最后的赢家

生活中，我们常祝愿他人“万事如意”，但这也只是我们美好的愿望，事实上，世事多变，雨雪风霜，人生中有许许多多让我们始料不及的事情，但如果我们希望成就一番事业，就必须做到内心淡定，始终朝着目标前进。很多成功者在经历种种后，回望身后的辛酸血泪之路，都会发现，内心真正淡定的人才是最后的赢家。

就常情而言，人们都是有喜怒哀乐的，在得到一些利益或者遇到愉悦之事时，他们大都会喜不自胜，甚至洋洋得意；遇到失意之事时，却表现出懊恼、痛苦的情绪。而那些内心豁达的人却能看淡得失、功过、荣辱，无论遇到什么，他们都能做到心平气和、冷静对待。

对于追求成功的人来说，难免会遇到一些痛苦、挫折、磨难，对此，我们都应该从容面对，当你困于这种“不如意”之中，终日惴惴不安，那生活就会索然无味。与之相反，如果你能以平和的心态面对，把那些磨难当成人生中的小插曲，那么，灿烂的主旋律必定会为你弹奏。

因此，面对失败，你必须要选择你的态度：是消极被动地害怕和逃避，还是积极主动地面对和接受？若你心存消极态度，那么，你将被局面控制；而积极主动，则能反过来控制局面。如果你希望能够通过自己的努力使自己的能量一点点变得强大，同时让自己变得更完美，就必须选择积极主动的态度，那么，逆境这朵“浮云”自然会被你驱赶出心灵的天空。

从前，有一个农夫，靠驴拉货为生，有头驴跟了他十几年，已经年迈。一天，在运货过程中，这头驴不小心掉进了猎人挖的坑中，农夫想尽办法救驴出来，但都无济于事，最后，农夫不得不放弃，他想他为什么要大费周折地去救这头年迈的驴子呢？农夫便打算用泥土埋了，免除它的痛苦。

后来，那位农夫叫邻居来帮忙，他们就用铁铲挖起泥土扔进枯井里。这头驴似乎很聪明，它意识到厄运的降临，便没再发出那凄惨的叫声，人们出人意料地发现那头驴子没有叫出声音，那头驴子把那些掉在它身上的，将要埋葬它的泥土抖落掉，然后踩在泥土上。

这样，人们挖土扔在它的身上，它就把泥土抖落下继续踩在脚下，很快，驴子的身体一节节地靠近井口，并到达了井口。人们惊讶地注视着这头驴子，驴子便悄悄地离开了注视它的人群。

在这个寓言故事中，如果这头驴听从命运的安排，它可能已经被活埋了，幸好那头驴子聪明地用智慧逃离了厄运。

其实，在生活中，我们遇到的困难和挫折就好比压在人们身上的“泥沙”，只要以锲而不舍的精神将它抖落掉，然后站上去，“泥沙”就变成了成功道路上的垫脚石。

所以说，没有经历过失败的人生不是完整的人生。敢于把困难踩在脚下的人才是真正的英雄，成功属于他们。

的确，宠辱不惊的人在面对生活的快意和失意之时都会有一种淡然的心态，会懂得如何对待与处理问题。

首先，他会明确自己的生存价值，能够以这样的格言来勉励自己：“由来功名输勋烈，心中无私天地宽。”一个人若心中无过多的私欲，又怎会患得患失呢？

其次，他会认清自己所走的路，不过分在意得失，不过分看重成败，不过分在乎别人对他的看法。他会坚信：只要自己努力过，只要自己曾经奋斗过，做了自己喜欢做的事，还有什么在心里放不下的呢？诚然，有时候，我们会遭遇一些恶劣的命运，但除了认清事实、勇敢接受外，我们还必须努力改变现状，争取走出困境，赢取美好的生活。当然，这个过程必定是个经受痛苦的过程，因此，保持一份平常心就尤为重要，否则，人就会永远在痛苦中打转，找不到解脱的光明之路。

人的一生，会遇到成功，也会遇到失败，有一帆风顺的惬意，也有遭受挫折的沮丧,有不期而至的欣喜，也有排遣不去的惆怅，曲曲折折，是是非非，我们该如何面对？关键是心态问题,我们要适时调整好自己的心态,真正做到去留无意。

首先，我们需要拥有一颗感恩的心，善于发现事物的美好，感受平凡中的美丽，那我们就会以坦荡的心境，豁达的胸怀来应对生活中的每一份酸甜苦辣，让原本平淡乏味的生活焕发出迷人的色彩，那么，你会发现，磨难与逆境也不过是飘来的“浮云”。其实，挫折也是人生的一笔财富。没有挫折的人生，从某种意义上来说是黯然失色的。说“挫折是人生的财富”，最主要的一点是挫折会让我们变得聪明，变得坚强，变得成熟，变得完美。当然，这首先需要我们经得住挫折。

再者，我们需要拥有一份平常心。人生不可能总是大红大紫，不可能总是处于巅峰状态，也有可能处于低谷，也可能遭遇不顺，这就是人生。但总的来说，人生是平淡的，对待平淡的人生，我们也应该让自己的心静下来。懂得了这个道理，得意时你才不至于猖狂；失意时，你才不至于绝望；孤独时你才不会心情惆怅。

总之，如你能在荣辱面前泰然处之，在思想修养和意志磨练上下功夫，勤勤恳恳工作、实实在在做人，便能对“荣辱不惊，闲看庭前花开花落；去留无意，漫随天外云卷云舒”有更深更新的感悟，漫漫人生，必将减去许多烦恼，增添几多欢乐。

只要心中有梦，那么希望就在

在这个世界上，没有糟糕的环境，只有糟糕的心境。一个人若拥有了糟糕的心境，即使他处于多么顺利的环境中，他也会感觉到苦闷；一个人若是拥有一份热忱、乐观的心境，那么，不管他处于什么样恶劣的环境，他依然可以过得快乐、幸福。其实，那些心中充满抱怨的人，他们是自己跟自己较劲，既没有办法接受，又失去了改变的能力，一定程度上来说，他们是可怜的。即使自己的处境再糟糕又怎么样，抱怨能改变什么呢？既然不能改变环境，何不改变自己的心境呢？

亚伯拉罕·林肯在一次竞选参议员失败后这样说道：“此路艰辛而泥泞，我一只脚滑了一下，另一只脚也因而站不稳；但我缓口气，告诉自己‘这不过是滑一跤，并不是死去而爬不起来’。”其实，阻碍我们前行的并不是糟糕的环境，而是我们内心那份早已经发霉的糟糕心境。拥有良好的心态，能够持之以恒地做下去，我们就能够在糟糕的环境中坚定地走下去，直至成功。

在这个世界上，根本没有糟糕的环境，有的只是糟糕的心境。当你感到自己变得苦闷或烦躁的时候，不妨试着问自己，那苦闷、烦躁的根源是否在于自己拥有了一份糟糕的心境呢？如果答案是肯定的，那么，尝试着改变自己的心态，放弃糟糕的心境，重新以乐观积极的心态去面对，再来看自己的处境，你会惊讶地发现，这个环境似乎并没有想象中那么糟糕。

乔丽是报社的一名记者，最近她接到了一份特殊的采访任务。当她拿到被采访者的资料时，她不禁有些难过。这是一个怎样的女人：丈夫早些年得了重病去世了，为给丈夫治病，她欠下了大笔的债务，家里有两个孩子，还有一个身体残疾，女人只是在一家小型的工厂里当一名女工，微薄的薪水养着整个家，还需要还债。乔丽一下午都坐在家里，想着：她家里不知道是什么样子？也许女人和孩子都蒙头垢面，满脸悲苦，又黑又潮的小屋里没有一点鲜活的色彩，自己去了，也许只会不断地听到哭诉。

那个周末，乔丽满怀同情，按着地址找到个那个女人居住的地方。当她站在门口，有些不敢相信自己的眼睛，她甚至怀疑自己找错了地方，于是又向女主人核实了一遍。确认无误之后，她开始重新打量这个家：整个屋子干干净净，有用纸做的漂亮门帘，墙上还贴着孩子上学获得的奖状，灶台上只放着油盐两种调味品，但罐子却擦得干干净净，女人脸上的笑容就像她的房间一样明朗。乔丽坐在用报纸垫上的凳子上，热情的女人为她拿来了拖鞋，乔丽看见那鞋居然是用旧的解放鞋的鞋底做的，鞋帮上有用旧毛线织出的美丽图案。

当女人也一起坐下来，乔丽不禁有些好奇她是怎么把这个家打理得这样舒适的，女工一边干着活，一边微笑着说：“家里的冰箱洗衣机都是隔壁邻居淘汰下来送给自己的，其实用得也蛮好的；工厂里的老板同事也都给照顾自己，还会让自己把饭菜带回来给孩子吃；孩子们也很懂事，做完了一天的功课还会帮忙干家务活……”

乔丽听着听着，眼睛有些湿润了，叹息道：“虽然你所面临的环境是糟糕的，但是，你的心境却很阳光。”这并不是同情，而是一种赞叹，赞叹女人的坚强，更赞叹女人的乐观。

可能在任何人看来，女工所处的环境都是相当糟糕的，但是，拥有积极乐观心态的女工，却用自己微薄的薪水创造了一个干净而温馨的家。或许，在我们的生活中，常常会发生许多不如意的事情，不管我们接不接受，它都会如期而至。既然我们不能改变糟糕的环境，那么，我们就改变糟糕的心境。改变那些我们能改变的，接受那些不能改变的。

当你总是怀着乐观的心态去面对生活的时候，你会惊讶地发现，事情并没有想象得那么糟糕，无论多大的困难与挫折，都不足以毁灭我们心中的希望。只要心中有梦，希望就在，久而久之，我们会发现世界竟是那么美好，生活处处充满了阳光。

持淡然之心，过平静生活

如果说生活是一张色彩鲜艳的图画，你会发现图纸上给我们呈现的只是白色。是的，对于我们每一个人来说，生活的常态就是平淡，不大悲大喜，保持淡定的从容，我们才能深刻地体会到生活的真意。许多人在生活中，既不够平淡，又不够从容。身边的同事晋升了职位，他心中就腾起了怒火；若是自己加薪了、升职了，则欣喜若狂；如果失去了发财的机会，他们就会捶胸顿足。事实上，淡定从容是一种生活态度，更是一种心灵的至高境界。成功与失败只是不同的生活际遇，对于我们来说，没有必要为了失败或成功而破坏心中那份幽静的心情。我们要学会保持一种淡定从容的心态，毕竟，繁华落尽不过是一纸的苍凉，灯红酒绿之后不过是漆黑的夜晚。所以，怀着一颗淡定从容的心来面对生活的失意与得意，你会发现，生活的平淡是常态，而淡定从容则是不变的心态。

淡定从容是一种平和的心态，即便对生命中的坎坷与不幸，也能以平和、不急不躁、不卑不怒的心态来面对，浅尝生命酿造的酒，忘却心中的烦恼。淡定从容是一种生活态度，面对生活中的失意与得意，保持平和的心境，不以物喜、不以己悲，从容不迫的心境不会因为得意失意而大起大落。人的一生，总会面对得与失、升与沉、荣与辱、富贵与贫穷等这样一些迥然不同的遭遇。虽然，我们只是一个普通人，在这样一些遭遇下，心境有可能会起伏不定，但是，如果我们能够保持一颗平常心，抑制内心情绪的波动，那么，那些遭遇不过是过眼云烟。平静对待成功与失败，微笑面对荣辱，永远保持着胜不骄、败不馁的心态，秉承着淡定从容的生活态度。

佛曰：“一花一世界，一草一天堂，一叶一如来，一砂一极乐，一方一净土，一笑一尘缘，一念一清静。”世间一切都是源于心境，不去计较生活的平淡，不为失败而生气、沮丧，一花一草便可以是整个世界，那份洒脱，那份豁达，那份心境是常人所不能具有的。人生道路上有鲜花、有掌声，有多少人能等闲视之；人生路上也有坎坷泥泞、有满地荆棘，又有多少人能以平常心视之。我们要学会坦然面对人生中的失意与得意，平复心绪，既来之、则安之，正所谓“荣辱不惊，闲看庭前花开花落；去留无意，漫随天外云卷云舒”。

小晨从小就喜欢唱歌，大学毕业后，父亲却语重心长地告诉他：“想唱歌？你到底懂多少呢？先找口饭吃，找个地方住。”小晨只身去了广州，在老乡刚开业的快餐店打工，不要工钱，只求免费吃住。在餐厅里，切肉、送餐、收账，小晨什么活都干，需要做什么就做什么，而且，总是面带笑容，若是遭遇苛求的顾客，小晨依然笑容满面。

后来，小晨无意之间看见了一则琴行吉他班招生，便怀着不安的心情去面试了，没想到，老板相中了小晨的琴技，当即把他留了下来。从此，小晨一边在吉他班上课，一边开始商业演出，那段日子，小晨十分辛苦，所得到的报酬却十分微薄。不过，小晨笑着对朋友说：“至少我现在能有钱养活自己，不像以前，什么都没有。”

渐渐地，小晨在当地的名气传开了，经过朋友介绍，他开始在酒吧驻唱，不过，这并不是一件快乐的事情。小晨这样回忆说：“在酒吧就是这样，我们都曾碰到形形色色的人，喝酒闹事的、砸酒瓶子的、逼你喝酒的，但这就是酒吧，我们能怎么办？我们不过是打工的，遇到这样的事情，哪怕再委屈，也只有能忍则忍。”辛苦的日子终于过去了，音乐制片人发掘了小晨这颗音乐种子，开始无偿为他策划专辑、宣传，如今，他已经是炙手可热的歌手。回想起以往的经历，小晨只是感叹：“变化的是环境，不变的却是淡定从容的心态。”

当你怀着乐观、积极的心态，秉承着“知己为天所命，非虚生也”的信念，用豁达的心胸来面对人生中的成功与失败时，你就会发现，人生并没有那么可怕，也没有什么过不去的坎，也没有什么放不下的。

在人生的旅途中，做好自己，即使失去了也不要过于沮丧、抱怨；即便是获得了也不要太过兴奋。人生路上，不要太患得患失，也不要太计较自己的得与失，以一份淡定从容的心态来迎接人生中的每一次挑战，这看似是生命的无奈，实则是生命最绚丽的精彩。

保持平和的心境，活在当下

每个人都应活在当下，保持平和的心境，不要为过去和未来烦忧。无论你在过去经历了多大的挫折，受了多大的磨难，但是那毕竟已经过去了，它已经成为了你记忆中的一部分，它不可能影响到你今天的生活。所以不要让自己沉浸在过去的痛苦中，那样只会让你把今天也卷进痛苦的漩涡中，那么你的人生从此就开始了万劫不复的深渊。而未来还是不可知的境地，就算你未雨绸缪也不要过分地为明天担忧，你的担忧会逐渐变成你的压力和负担，你既没有为明天的发生而准备什么，也没有好好地把握今天，结果你把今天和明天都失去了。只有牢牢地把握现在，你才有可能获得未来的成功。因为现在既是对过去你所经受的一些挫折所作出的总结，也是为未来的成功做好准备的关键时期。所以，不要为过去和未来烦忧，保持一份愉快的心情，你就能在现在发挥出你所有的潜力，走向成功。

为过去和未来烦忧，只会让人消极。所以，当意识到自己在为过去和未来担忧的时候，要迅速将自己的所有的忧虑全部抛掉，让自己重新变回一个对生活充满信心的乐观者。或者可以选择走进自己的书房，然后闭上眼睛，朝着放历史书籍的书架走去，随意抽出一本书，然后认真地在桌前阅读一个小时，你会发现，人类历史就是由一支悲凉的笔所写成的：杀戮、瘟疫、饥饿、贫穷，再想想自己现在的生活，过着比过去要好几十倍的生活，就不再忧虑了，心也开始平静下来了。

美国海军上将厄耐斯特·金恩说："如果我们的一只船沉了，我无法将它捞上来，因此只得舍弃它。我的时间要花在解决现在的问题上，我没有时间为昨天的问题而后悔。况且，要是我为这些无意义的事情烦恼的话，我也不会坚持很久的。"生活中没有必要去为过去和未来忧虑，重要的是把握好现在，这是对过去最好的总结，对未来最好的准备。

不要对过去的痛苦难以忘怀，学会从过去的苦海中挣脱出来，把握好自己现在的生活，那才是对昨天痛苦的最好安慰。

不要想象未来的苦难，假如自己老去了怎么办？假如自己失去了工作怎么办？那些都是徒劳的，如果你不把握好现在，那么你就无法取得未来的成功。所以，不要为过去和未来烦忧，珍惜现在，把握属于自己的幸福人生。

以从容淡定之心面对风雨人生

人世间，万事万物都有自身发展的规律，春天树叶萌芽，春回大地；秋天树叶掉落，化作春泥，重回大地的怀抱，这是自然界永恒的规律。人生也是如此，每个人在生活中都既会有得到，也会有失去，这是很正常的现象。面对得失，我们只有怀着平静的心态，从容以对，才能最大限度减少得失的负面作用，畅享人生。

懂得生活的人总是懂得珍惜，知道很多东西即使得到了也还是会失去，与其为失去悲哀，不如在拥有的时候好好珍惜，这样即便失去了也没有遗憾。就像很多孝顺的人对待父母一样，在父母年迈的时候环绕膝下，尽心孝顺，等到父母有一天离开人世，即使悲伤，却不会懊悔。因为该做的都已经做了，心已经尽了。相反，有些人在父母在世的时候对父母百般刁难，等到父母故去却有佯装伤心，不得不说是虚伪。又或者的确是真的懊悔伤心，那么又早知今日，何必当初呢！命运的确有一双神奇的手，是不受任何人控制的。我们自身的努力也只能改变命运的轨迹，却不能彻底改变命运。因而人们常说要活在当下，就是这个道理。当我们充实地度过每一个今天，我们也就有了无悔的昨天和满怀希望的明天。

很久以前，有位神箭手箭术特别高超，能够在百步以外射中微小的目标。听到民间把这位神箭手流传得神乎其神，皇帝也起了好奇心，因而让大臣把这位神箭手找到宫里，想要亲眼目睹神箭手的高超箭术。

很快，大臣就奉旨找来了神箭手。国王看到神箭手之后，迫不及待地想要观赏他的高超箭术，又为了鼓励神箭手，因而说："假如你真的如民间所说能够百步穿杨，我定会重重赏赐你。黄金万两，土地千户，如何？"听了皇帝的话，神箭手原本轻松愉悦的神情突然变得严肃起来，堪称凝重。他缓缓地拉开弓，看着远处的目标，微微颤抖的手迟迟没有把箭射出去。直到皇帝都等得有些不耐烦了，神箭手才鼓足勇气，把箭射了出去。出乎所有人预料，神箭手居然射偏了很多。后来，神箭手又尝试了好几次，没有都没有发挥出百步穿杨的箭术。最终，他悻悻然离开皇宫。

等到神箭手走后，皇帝问大臣："难道真的是以讹传讹？"大臣笑着说："其实，神箭手的确名不虚传，臣就曾亲眼看到他的高超箭术。只不过，他看到皇帝肯定紧张，再加上皇帝许诺给他黄金万两，土地千户，他怎么能不紧张呢？"皇帝无辜地说："我是为了激励他啊！"大臣笑了，说："一箭射出去，全家几代人就吃喝不愁，过上富裕的生活，这一箭实在是太过沉重啦！"皇帝这才恍然大悟。

神箭手原本能够轻松自如地百步穿杨，就是因为他心中没有纠结，也不在乎一箭射出去的结果。但是当皇帝许诺给他重赏之后，他一想到自己拥有这些黄金和土地，心中便翻江倒海，再也难以恢复平静。如此一来，怎能不心慌手抖，箭术失常呢！

人们虽然常说要有平常心，但是这看似轻飘飘的三个字，要想真正做到可真是万难。人总是有欲望和需求的，尤其是随着生活水平的不断提高，人们也进入人生不同的层次和阶段，欲望和需求也随之改变，因而总是处于不被满足的状态。在这种情况下，要想保持平常心，就一定要调整好心态，切勿患得患失。要知道，患得患失非但于事无补，还会扰乱我们的心绪，使我们无法果断从容地面对生活，导致更加得不偿失。

第11章

人生能有几回搏，此时不搏何时搏

在短暂的一生中，唯有努力绽放，才不会辜负美好的时光。如果没有努力到无能为力，就不要说自己很努力了；如果没有拼搏到感动自己，那就只能说拼搏得还不够。一个人只要活着就要努力，人生路上没有不经努力就可以获得的东西。

竭尽全力，昂首向前

我们每一个人都需要有坚定的理想：为自己奋斗。这是活着的终极目标，在我们的人生历程中，自己希望成为一个什么样的人呢？是国家元首、企业家、艺术家、演说家、经济学家还是仅仅是一个善良的人？其实，这一切都将取决于我们自己的奋斗。因为我们的命运由我们自己主宰，实现自己的人生价值，没有人可以代替我们。我们一定要为自己而奋斗，在我们的内心深处，都存在着一种潜意识，也就是我们付出了什么，我们就将会收获什么。

大约在五十年前，一位小女孩诞生在田纳西州那士维市郊。她有严重的身体缺陷，无法像一般人一样走路。虽然她有一个温馨的大家庭。可是，当兄弟姊妹在外头享受奔跑和玩耍的乐趣时，她却必须被支架所限制。

父母定期带她到那士维接受物理治疗，但那小女孩痊愈的希望仍甚渺茫。“我可能像其他小孩一样，跑步和玩耍吗？”她问父母。

“亲爱的，你只要相信，”他们回答：”你若相信，神就能叫这事发生。”

她把父母的话放在心中，相信神能使她不必靠支架走路。她常瞒着父母和医生，靠兄弟姊妹的帮助，练习解开支架走路。在十二岁生日那天，她当着父母的面前解下支架，不靠别人搀扶，自己在医生的办公室周围绕行。此举叫她的父母大感意外。医生简直不能相信她的进步，但她从此不必戴着支架了。

她的下一个目标是打篮球。她继续运用信心和勇气，和她未曾发育的双腿，去参加学校篮球队。教练挑了她的妹妹入队，却拒绝了那勇敢的女孩。她的父亲，一位智慧和亲爱的先生，告诉教练：“我的女儿们是一对。你若要其中一个，另一个也要接受。”教练只好勉强让她加入。于是她穿着一件陈旧的制服跟其他队员一起练习。

一日她去找教练：“你若每天多给我十分钟训练时间，我就给你一个世界级的选手。”教练笑了，但他知道这小女孩是认真的。十六岁那年，她成为全国最佳的年轻选手，被选派参加在澳洲举行的奥林匹克运动会，跑四百公尺接力赛的最后一棒，并赢得了铜牌。她对这样的成就并不满意，于是再接再厉，四年后再次参加一九六零年的罗马奥运会。那一次，维玛·鲁道夫(Wilmna Rudolph)赢得一百公尺短跑和二百公尺短跑的奖牌，又在四百公尺接力赛中的最后一棒中夺标，为全队赢得胜利。当年她更锦上添花，被选为全美最佳业余运动员，获得苏利文奖，这是一份极高的荣誉。

如果有人问她为什么会这样成功，她会回答：因为我一直在为自己而奋斗。在这个世界上，没有什么这个理由更适合成为理由了。在通往成功的路途中，有的人始终找不到前进的方向，其实他们并不是缺少能力，而是尚未明确自己到底是为了什么而奋斗。自己，当然是自己，难道这个世界还有比自己更重要的人值得我们去奋斗吗？因为我们所奋斗的是自己的人生，与别人一点也不沾关系。

每个人都会有为自己奋斗的理由。生活在这个世界，我们始终要坚定一种信仰，那就是终身为自己的理想而奋斗。为自己而奋斗，我们才会竭尽全力地昂首向前，我们才不会有一丝的保留。

只要你不把命运交给别人，那你一定能掌握自己的命运。生活中，或许我们会把身边那些优秀的人当作自己的偶像，在努力欣赏他们的同时，却在一旁自怨自艾，好像自己再怎么努力也成为不了这样的人。其实，真的是这样吗？我们的偶像只能是别人吗？当然不是，当我们经过不懈的努力之后，我们完全可以成为自己的偶像。在人生的旅途上，引导我们继续向前的，不是别人，而是自己。

保持理智和冷静，成为真正的勇者

现实生活中，每个人都崇尚勇敢，都希望自己成为一个有勇有谋的人。然而，勇敢并无一定之规，它的表现形式不拘一格。所以，一味地盲目勇敢是不可取的，我们唯有保持理智和冷静，才能成为真正的勇敢者，才能在人生需要的时候表现出自身的胆识与魄力。

毋庸置疑，有史以来，勇敢都是褒义词，代表人们优秀而又崇高的品质。因此，很多人都希望自己的孩子成为一个勇敢的人，但是却忘记了告诉孩子，一切勇敢都应该审时度势，更应该有一个明辨是非的前提条件。不管在什么情况下，勇敢都不是盲目服从他人，也不是毫无理性对他人言听计从。就算在军令严明的部队中，也有“将在外，军令有所不受”的特殊情况，如果一个军人不分青红皂白地服从命令，就会导致混乱。由此可见，我们固然要勇敢，但是更要保持理智。唯有理性的勇敢，唯有能够与疯狂对抗的理智，才能让我们赢得他人的赞许，也能够做出最佳的抉择。

不管是在古代社会，还是在现代社会，不管是在中国还是在西方国家，普通的百姓总是崇尚权力。尤其是上下级之间，更是纪律严明，层级分明，因而大多数所谓的勇敢者都是盲目地执行命令，而只有极少数勇敢者能够保持自己的思维，从而坚持自己的意见和观点，坚定不移与那些荒唐的命令进行对抗。之所以形成这种局面，是因为我们的传统教育教导民众，一定要执行绝对的勇敢，远离明智理性的勇敢。所以，这也直接导致很多人明明知道决策者是错误的，还是要坚决执行决策者的命令。不得不说，权利的社会，导致人们臣服于权利，而忽略了自己内心最真实的声音。

1965年，法国发生暴动，巴黎的很多学生和市民都走上街头，强烈抗议当时担任总统职务的戴高乐，要求他下台。对此，戴高乐无计可施，因而仓皇来到法国驻扎德国的司令部所在地——巴登。戴高乐心急如焚，当即强烈要求法国驻扎德国的司令部司令，让其率领军队马上赶往巴黎，平息暴动。不过，这位勇敢的司令当即严词拒绝了戴高乐的命令，而且请求戴高乐收回成命。直到恢复平静，戴高乐才意识这位司令说得是对的。他很清楚，如果这位司令真的执行他的命令，那么他就会因为镇压人民，成为千古罪人。

事后，戴高乐不仅对那位司令大加赞赏，而且还写信给那位司令的妻子表示感谢。他在信上说，在危机关头，一定是上帝安排他来到巴登，并且又派了这位勇敢的司令，打消他疯狂的念头。

戴高乐在遭遇民众起义时，黔驴技穷，想不出任何办法能够平息民愤。幸好，那位勇敢的法国驻德国的司令还能保持清醒与理智，拒绝了戴高乐的错误指示。尽管戴高乐是高高在上的总统，但司令知道戴高乐的请求是不合理的，所以绝不妥协。

因此我们说，勇敢并非只是一种行为，而是包含着道义与理性的精神上的表现。是否勇敢，或者说是否具备理性，是我们评价一个人是否是真的勇士的标准。因而朋友们，我们一定要保持理智，拒绝盲目地勇敢，才能具备真正的勇敢，成为真的勇士。

毋庸置疑，我们在生活中总会遭遇很多的坎坷挫折，在这种情况下，与其盲目逞强，导致事与愿违，不如理智面对，用理智战胜激动的情绪，从而帮助我们恢复平静，保持清醒，也从容应对人生的一切坎坷与挫折。

循序渐进，逐渐完善自我

每个人从呱呱坠地开始，不但拥有了享受生活的权利、成长的权利，而且也拥有了犯错误的权利。可以说，这个世界上每个人都曾经犯过错误，而且绝不仅仅一次。究其原因，人生就是在不断犯错和改正错误的过程中成长起来的。当我们踩着错误的阶梯不断进步，当我们在反思中提升和完善自我，我们的人生也会日渐成熟和丰满。每一个错误，每一次弯路，在人生中都具有特殊的意义。造物主让我们犯错，并非是为了让我们感到痛苦，而只是用痛苦提醒我们，我们需要不断地自我完善，才能循序渐进，日趋完美。

遗憾的是，生活中总有些错误会给我们的人生带来莫大的遗憾，甚至是严重的伤害。在这种情况下，我们恨不得能够时光倒流，改变曾经的选择和行为，从而避免此刻给我们带来的痛苦。但是，正如人们常说的那样，这个世界上没有卖后悔药的。不管我们是悔青了肠子，还是恨不得造一个时光机穿梭回到过去，对于我们的悔恨，这些都是于事无补的。既然如此，我们还有什么必要悔不当初呢？很多到中年的人总是说，“假如当初……”“假如我年轻的时候……”之类的话。殊不知，这样除了使人徒增烦恼之外，根本没有任何好处，对于事情的解决也没有任何裨益。

正因为这个世界上没有后悔药，所以人生必须落棋无悔。出于这个原因，很多人小心翼翼地迈出人生的每一步，生怕一着不慎，满盘皆输。然而，错误无法避免，哪怕我们再怎么小心，错误依然会出现。在这种情况下，与其心惊胆战，寸步难行，不如尽职尽责，在尽量避免后悔和错误决定的情况下，坦然行走人生之路。

很久以前，在一个夜深人静的夜里，有位巴格达商人在偏僻的山间路上走着。突然，他的耳边传来一个神秘莫测的声音，这个声音让他从路边捡起几颗小石头放在口袋里，并且说他一定会为此庆幸。这个商人根据声音的指示做了，次日清晨，他发现这些小石头全都变成了黄金，因此他先是感到庆幸，随后却突然懊恼起来，深深后悔自己在前一天夜里没有捡起更多的小石头。

同样是很久以前，有位智者引领一个旅行者来到一座金库面前，并且让这位旅行者随意从金库中捡起黄金装入行囊里，但是条件却是这位旅行者在接下来的旅途中，必须带着这些黄金，不得丢弃。这位旅行者因为行囊里已经塞满了各种必不可少的东西，因而他挑来减去，最终最拿起三块黄金放入行囊中。次日清晨，他一觉醒来，发现那些黄金全都变成了小石头。要知道，对于旅行者而言，这些石头非但毫无用处，反而还会增加他的负担。此时，他昨夜因为无法拿更多金块引起的遗憾和懊悔，都变成了庆幸。

尽管这两个故事都是传说，但是却蕴含着深刻的道理。在第一个故事中，那个商人平白无故得到了好些黄金，但是他的心中却感到无限懊恼。在第二个故事中，旅行者尽管因为只能拿三块黄金感到懊恼，最终却因为自己的旅途只增加了三块石头的重量感到庆幸。由此可见，人生中的很多事情都是可以相互转化的。当我们为了某件事情追悔莫及时，不如暂时缓一缓，因为在未来的某个时刻，我们也许会为此感到庆幸呢！反之，亦然。

朋友们，既然这个世界上没有后悔药，我们也就没有必要后悔。人生如同下棋，必须落子无悔。不管未来的结果如何，都是我们自己做出的选择，所以我们要学会对这一切负责，也要能够坦然接受人生的一切结果。

不到最后一刻不要放弃

有人说，人生是一次长途跋涉，旅途中常常有曲折和险阻。如果抱着只希望走一帆风顺之路的心态，恐怕是难以登上人生的制高点的，因为谁的成功都不会轻松到手。生活中的你也会遇到一些难题，难免会产生一些焦躁的情绪，但焦躁对于事情的解决毫无帮助，你只有静下心来，才能冷静地思考解决的方法。因此，无论发生什么，你都要记住，一定要有个好心态，不到最后一刻都不要放弃。

生活中的你，在追求梦想的过程中，可能也会遇到困难，可能你也会选择放弃，但是，请想一下，如果选择了真正的绝望，向所谓的命运妥协了，那么，你就真的彻底失败了；而如果你选择另外一种心态，那么，只要你继续思考，那么，你就有可能绝处逢生。

然而，失败平庸者，主要是心态有问题。遇到困难，他们总是挑选容易的倒退之路。“我不行了，我还是退缩吧。”结果陷入失败的深渊。成功者遇到困难，他们能心平气和，并告诉自己：“我要！我能！一定有办法”。

当然，要突破困境，绝对不能消极等待，而要在等待中要积极寻找突破口，创造条件去克服困难，从而实现从“山重水复疑无路”到“柳暗花明又一村”的转变。

事实上，人们驾驭生活的能力，是从困境生活中磨砺出来的。和世间任何事件一样，苦难也具有两重性。一方面它是障碍，要排除它必须花费更多的力量和时间；另一方面它又是一种肥料，在解决它的过程中人能更好地锻炼提高。

库雷曾说：“许多人的失败都可以归咎于缺乏百折不挠、永不放弃的战斗精神。”的确，我们发现，一些人或满腹经纶，或能力超群，但他们却同时拥有一个致命的弱点，那就是缺乏一种抗打击的能力，他们往往一遇到微不足道的困难与阻力，就立刻裹足不前，没有韧性，遇硬就回，遇难就退，遇险就逃。因此，终其一生，他们只能从事一些平庸的工作。一个人跌倒并不可怕，可怕的是跌倒之后爬不起来，尤其是在多次跌倒以后失去了继续前进的信心和勇气。不管经历多少不幸和挫折，内心依然要火热、镇定和自信，以屡败屡战和永不放弃的精神去对付挫折和困境。那么，你会不断强大起来。

在困境中磨砺自己，赶走逆境中的魔鬼

我们都知道，在人生道路上，困难和挫折是难免的，人生起起落落也无法预料，但是有一点我们一定要牢牢记住：将困难置于渺小的境地，你在心态上就战胜了困难。因此，当我们遇到逆境时，千万不要忧郁沮丧，无论发生什么事情，无论你有多么痛苦，都不要整天沉溺于其中无法自拔，不要让痛苦占据你的心灵。困难来临时，我们要有勇气直面困难、打倒困难，以顽强的意志战胜困难。

的确，人们驾驭生活的能力，是从困境生活中磨砺出来的。和世间任何事件一样，苦难也具有两重性。一方面它是障碍，要排除它必须花费更多的力量和时间；另一方面它又是一种肥料，在解决它的过程中能够使人更好地锻炼提高。

为此，遇到难题时，我们绝不能像只鸵鸟那样把头埋在沙堆

里面，将各种问题推开，因为这样问题始终也不会获得解决。如果你能不把挫折当成放弃努力的借口，那么，或许可以用一个新的角度，来看待一些一直让你裹足不前的经历。你可以退一步，想开一点，然后你就有机会说：“或许那也没什么大不了的！”

人生之路，就如细流入海，不会是一帆风顺、一路坦荡，总是要经历风风雨雨，坎坎坷坷。那些成功的人在面对人生低谷的时候，总是能够心底坦然，不会屈服于挫折，而是勇于做一个承受痛苦、奋斗不息的人，以百折不挠的精神，继续奋力前行。

很久很久以前，有一个养蚌人，他想培育一颗世界上最大的最美的珍珠。

他去大海的沙滩上挑选沙粒，并且一颗一颗地问它们，愿不愿意变成珍珠。那些被问的沙粒，一颗一颗都摇头说不愿意。养蚌人从清晨问到黄昏，得到的都是同样的结果，他快要绝望了。

就在这时，有一粒沙子答应了。因为，它一直想成为一颗珍珠。

旁边的沙粒都嘲笑它，说它太傻，去蚌壳里住，远离亲人朋友，见不到阳光、雨露、明月、清风，甚至还缺少空气，只能与黑暗、潮湿、寒冷、孤寂为伍，多么不值得！

那颗沙子还是无怨无悔地随养蚌人去了。

斗转星移，几年过去了，那粒沙子已经长成了一颗晶莹剔透、价值连城的珍珠，而曾经嘲笑它的那些伙伴们，有的依然是海滩上平凡的沙粒，有的已化为尘埃。

如果说这世上有“点石成金术”的话，那就是“艰辛”。你忍耐着，坚持着，当走完黑暗与苦难的隧道之后，就会惊讶地发现，平凡如沙子的你，不知不觉中已长成了一颗珍珠。

因此，我们每一个人都应该记住：逆境总是吞噬意志薄弱的失败者，同时造就毅力超群的事业成功者。磨难是魔鬼，它夺走了你的光明；磨难也是天使，它是一座深不可测的宝藏。要在逆境中赶走魔鬼、拥抱天使，最重要的美德就是坚韧。

那么，面对困难和逆境，我们该怎样做呢？

1.做好最坏的打算

谚语常说：“能解决的事不必去担心，不能解决的事担心也没用。”这样一想，你会发现，在最坏的情况面前，也没什么可忧虑的，那么，你也就能变得积极了。

的确，人生拥有的是不断的抉择。要看你是用什么态度去看待这些有赖你决定的无数机会。能够纵观每件事情、每个问题的正反两面，你将发现内心最深沉的恐惧在所有状况明朗了解之后，将会自行化为乌有。

2.学会转换思维

当面前还有半杯水时，乐观旷达、心态积极的人会说：

“哈，真高兴我还有半杯水！”那些悲观沮丧、患得患失的人则会说：“唉，只有半杯水了，这该如何是好呀！”

因此，对那些乐观旷达、心态积极的人而言，任何事情都是好机会。对那些悲观沮丧、心态消极的人而言，再好的事情都是灾难。

3.不要强迫自己去忘记某件事情，把一切交给时间

忘记任何一件痛苦的事，都需要一个过程。因此，偶尔想起它，其实也无妨。当你想起它时，你可以对自己说：那都是过去，看我现在多快乐啊！相比过去而言，现在的我是多么得幸福啊……人要往前看，往好处想，这样，随着时间的流逝，那些过去也就真的成为“往事”了。

总之，人生路上，当我们遇到某些困难，遇到某些不顺心的事时，你可能会因此变得沮丧。此时，你应告诉自己，困境是另一种希望的开始，它往往预示着明天的好运气。因此，你只需放松自己，告诉自己希望是无处不在的，再大的困难也能坦然面对。

汗水与坚韧，让挫折败下阵来

尼采说：“当我们勇敢的时候，我们并不如此想，我们一点

也不认为自己是勇敢的。”有时候，内心畏惧是源于我们总是不断地逃避问题，那些怯弱而畏惧的人通常都是这样。其实，当我们试着去改变自己的内心，让自己内心变得强大起来的时候，我们会惊讶地发现，克服挫折不过如此，它容易得就像是跨过一道门槛。但是，如果总是任由内心充满恐惧而不去改变，那么，我们将失去许多成功的机会，因为幸运总是降临在那些有着强大内心、坚韧精神的人身上。

面对挫折，不同的人有不同的反应：意志坚强的人越是遭受挫折的打击，表现得越坚强；而内心总是充满畏惧的人，在遭受挫折的打击后会表现得越来越怯弱，似乎挫折变得越来越强大。其实，挫折并没有加大，只是我们内心充满恐惧，那些恐惧让那些容易克服的挫折变得强大起来。所以，为了战胜挫折，我们需要克服内心的恐惧，这样我们才能获得战胜挫折的力量。

其实，内心越是脆弱，挫折就会变得越来越强大；而内心越是强大，挫折就会变得不堪一击。我们要想成功地战胜挫折，首先应该战胜自己内心的恐惧，让自己变得强大起来，这样挫折与困难才会迎刃而解。

被授予哈佛大学荣誉博士学位后，《哈里·波特》的作者J. K. 罗琳在演讲时说：“人们有一个共识，那就是人可以从挫折中变得聪明更强大，这句话意味着人从此对自己的生存能力有了更好的把握。如果没有苦难来考验你，那么你从来都不会真正懂得自己，不会懂得你处理各种关系的力量有多大。”

有人说：“挫折是一条欺软怕硬的走狗，你越是畏惧它，它就越威吓你；你越不把它放在眼里，它越对你表示恭顺。”因此，面对挫折，强者容易变得坚强，而弱者容易变得更软弱。对于那些战胜挫折的人来说，他们深深地体会到挫折、苦难，但是，他们从来不畏惧，也不相信眼泪，他们所相信的是汗水与坚韧。

参考文献

［1］皮尔.坚强的乐观者［M］.福州：海峡文艺出版社，2004.

［2］夏茵丹.所有坚强都是柔软生的茧［M］.南京：江苏文艺出版社，2016.

［3］慕容雪.所谓成长，就是逼你学会坚强［M］.北京：台海出版社，2018.

［4］微阳.你若不勇敢，谁替你坚强［M］.北京：中国华侨出版社，2018.